CERN

粒子物理大探案

[意] 莱蒂齐亚·迪亚曼特 著
[意] 克劳迪娅·弗兰多利 绘
周思益 译

接力出版社
Publishing House

本书评价

在有趣又好笑的同时又做到内容精准。这本书将激发下一代科学家对欧洲核子研究中心（CERN）的好奇心。它引人入胜，令人着迷，用幽默的语言吸引年轻读者的注意力，并将他们带到有史以来最大的科学设施之一——拥有探测器的大型强子对撞机（LHC）的门前。这本书将激励年轻人亲近科学并在科学领域取得显著成就。

——[意]卢西奥·罗西，米兰大学实验物理学教授（曾在LHC建设期间负责LHC磁体，也是欧洲核子研究中心高亮度LHC项目的负责人）

市场上的一个明显的空缺已被这本书填补！这本书信息丰富，内容顺畅，易于人们阅读和学习。它充满了有趣的事实，还有地球上最重要的科学研究地点之一的极优质的插图！立志成为物理学家的年轻人必读！

——[英]道格·阿什顿，英国伯明翰诺顿王国小学关键阶段与科学负责人

本书面向年轻人，还有心态年轻的人。这本讲述科学成果的书，还配有游戏、小测验和诙谐的信息，充满智慧又有趣！

——[法]皮埃尔·汉茨佩尔格，里昂大学荣誉教授、普拉涅古生物学发掘工作的科学联席主任以及迪诺普拉涅的科学顾问

一本有趣的、充满插图的书，用不同的角色带大家去探究欧洲最大的物理实验室发生的事！

——[瑞士]贾科莫·帕索蒂，科学记者

目录

探案之前

附录

奇妙的CERN

科研天堂

欧洲核子研究中心（CERN，下文将用法文缩写代替）是科研人的天堂，吸引了来自全世界的游客。它成立于第二次世界大战结束几年后的1954年，并提出了通过科学促进和平的主旨。它以“欧洲核子研究理事会”的法语名称——“Conseil Européen pour la Recherche Nucléaire”命名，法文缩写CERN。

接下来，享受你的旅程吧！

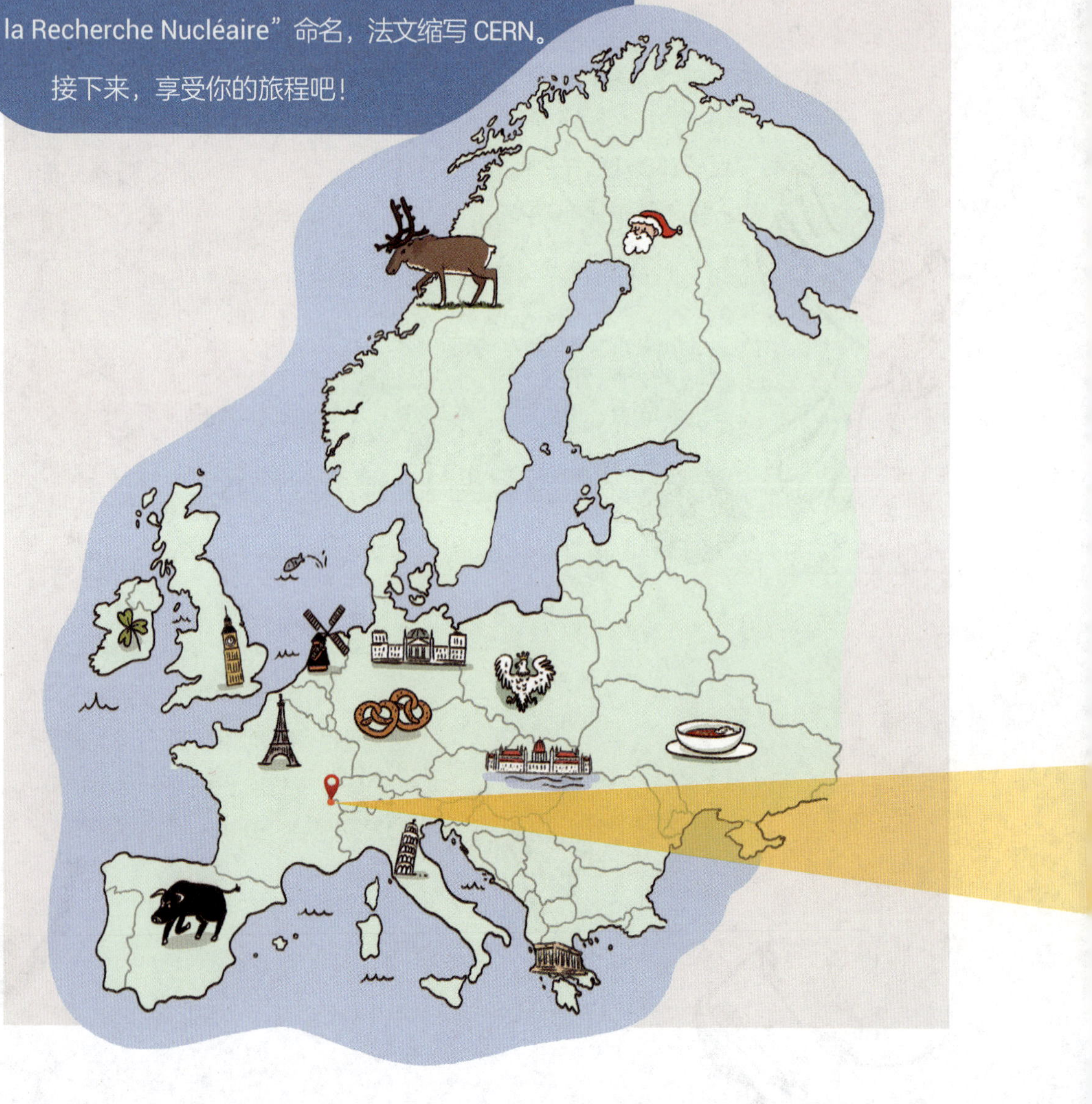

在这本书里，你就是主角！

欢迎来到CERN，它是世界上最大的粒子物理实验室。你可以决定自己的一举一动，而这会创造接下来的整个故事。为了顺利完成这场探案之旅，你需要超强的直觉和一点点的幸运。在解决谜题和玩游戏的过程中，你将在这个不可思议的地方经历很多奇妙和有趣的冒险！

人类发明了很多奇怪的词。只要喂我一点儿猫粮，我可以把一切解释给你听。
薛迪

和薛迪打个招呼吧！它在书中经常出现，它有很多话想对你说。但请记住，它对填饱肚子比对其他任何事情都感兴趣。你在探案旅程中遇到的所有难懂的专业术语，都可以查看薛迪为你特别准备的词汇表，就在第164—172页。

在这本书里，你将看到CERN的研究员如何追溯到宇宙诞生之初——大约在140亿年前（14后面有9个0），探索那时发生了什么。你还将探索地下100米深的地方。没错，你猜得没错：有许多事就在你脚底下发生！

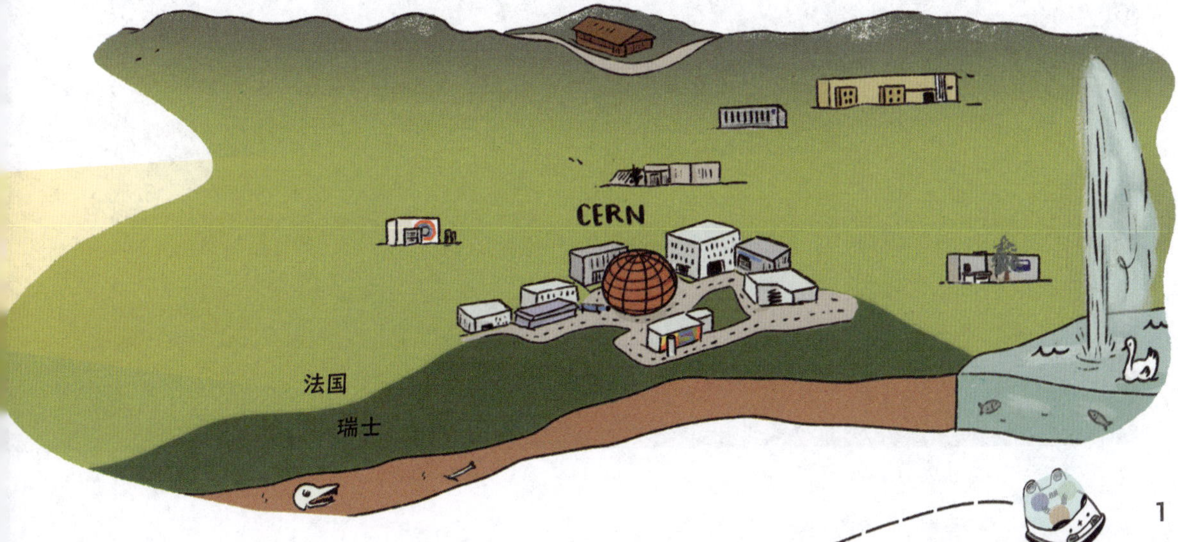

围绕 CERN 找到你的路线

在一头扎进这趟冒险旅程之前，先来看看这幅地图。

CERN位于瑞士与法国的交界处，距离日内瓦（瑞士第二大城市）及其标志性的大喷泉不远。表面上看，它没什么不同的，但是在这些工厂般的建筑内部，你可以坐着电梯从地表到100米深的地下！

在那里，你会发现：

- 一个巨大的环形隧道，这就是 CERN 著名的粒子加速器，你乐意的话也可以称它为粒子粉碎器或者大型强子对撞机（英文简称：LHC）。
- 四个大型探测器：超环面仪器（英文简称：ATLAS）、大型离子对撞机（英文简称：ALICE）、紧凑缪子线圈（英文简称：CMS）、底夸克探测器（英文简称：LHCb）。

你能在地图上把它们找出来吗？

如果你想了解质子的运动径迹，你需要先在地图中找到氢气罐。质子从这里出发，顺着黑色箭头指示的方向以惊人的速度在隧道里一圈一圈地飞行。它们首先是在小型加速器内，然后在 LHC 中，当它们最终飞到探测器内并相撞时，这趟旅程就此结束。

你可以把 CERN 看成一个大迷宫！当你要定位自己的位置时，请回到这页。

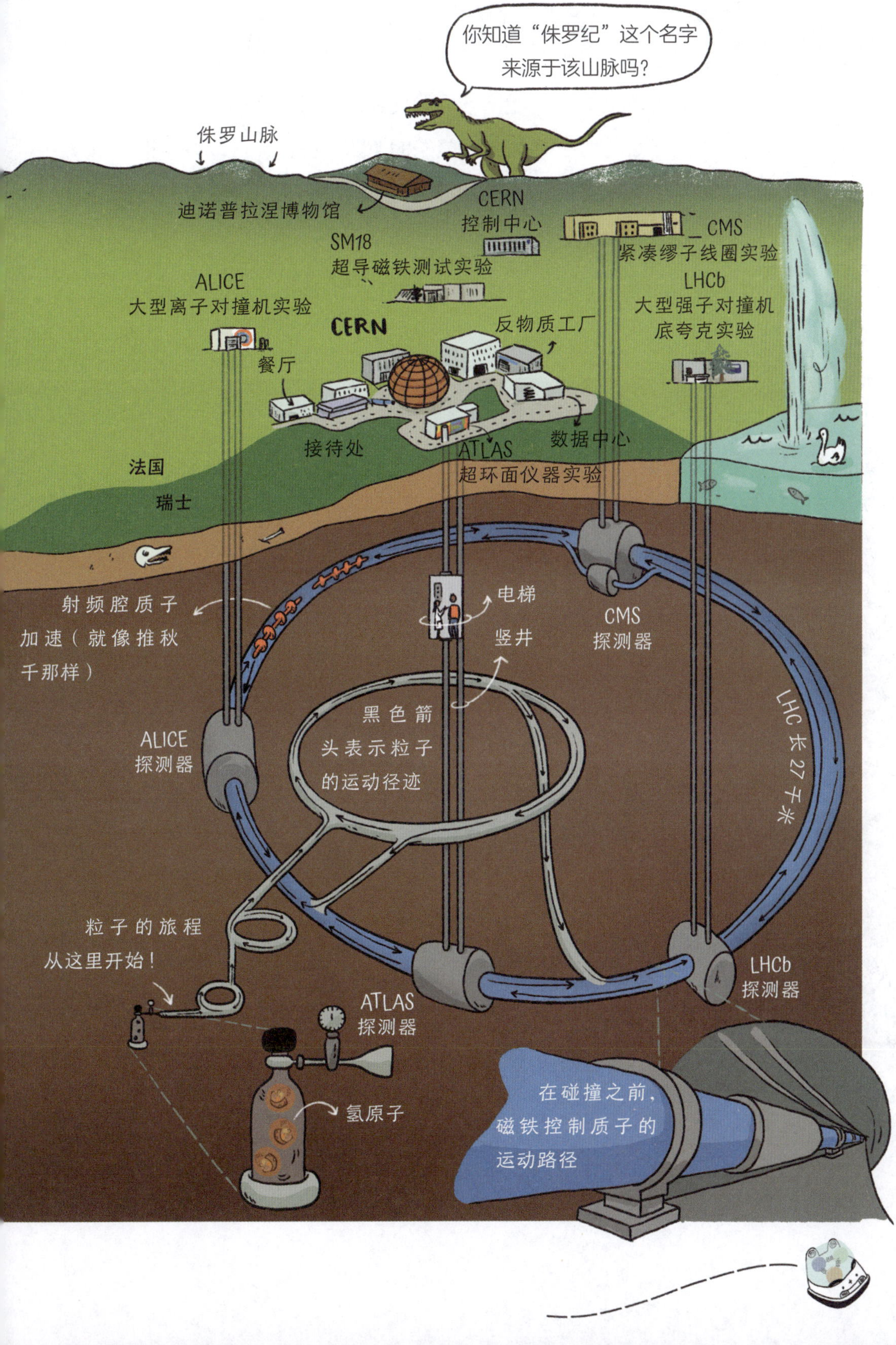
你知道“侏罗纪”这个名字来源于该山脉吗？
侏罗山脉
迪诺普拉涅博物馆
CERN
控制中心
SM18
超导磁铁测试实验
CMS
紧凑缪子线圈实验
ALICE
大型离子对撞机实验
LHCb
大型强子对撞机底夸克实验
CERN
反物质工厂
餐厅
接待处
ATLAS
超环面仪器实验
数据中心
法国
瑞士
射频腔质子加速（就像推秋千那样）
电梯
竖井
CMS
探测器
黑色箭头表示粒子的运动径迹
ALICE
探测器
LHC 长 27 千米
粒子的旅程从这里开始！
ATLAS
探测器
LHCb
探测器
氢原子
在碰撞之前，磁铁控制质子的运动路径

里面有什么？

你能看到的最小的东西是什么？我猜它可能比猫的胡须更细小一点儿。但即使你有鹰的眼睛，也无法看到任何小于0.1毫米的东西。假设你可以看到小于0.1毫米的东西，那你就有可能看到一切东西都是由无数微小的原子构成，包括你的身体。

在像猫胡须一样细的狭小空间里，就能有超过1,000,000（1后面有6个0）个原子，每个原子里包含更小的粒子。

奇妙的CERN

小小的粒子，巨大的探测器

为了研究这些小得不能再小的粒子，研究员需要世界上最大的科学仪器。这就是为什么 CERN 拥有世界上最大的粒子加速器——LHC，这台机器可以将质子加速至（接近）光速。不过，这不是为了赢得比赛，而是为了使这些粒子相互撞击并粉碎。

为了理解质子在碰撞的过程中发生了什么，研究人员制作了巨型相机，也叫探测器。它每秒钟能够拍摄 4000 万张照片，是不是很厉害？

科学小贴士

你将在本书中遇到以下粒子

光子：可以在真空中以光速传播。

希格斯玻色子：物理学家于 2012 年才在 CERN 证明了它的存在。

电子：它和电磁现象相关。

缪子：它是电子的“大表哥”。

质子：你马上会读到更多关于它的信息。

还有更多！

粒子有多小？

物质像俄罗斯套娃一样，可以被分解得越来越小，直到无法被进一步分解。

对于周围的一切事物，我们都可以思考一下，问问自己：“它是由什么组成的？”

假设一下，就让我们从薛迪开始吧！

猫是由什么组成的？一只猫由不同种类的分子组成，但主要是水分子。

分子由什么组成？它们由原子组成。

原子由什么组成？它们由一个原子核和一个或多个核外电子组成。

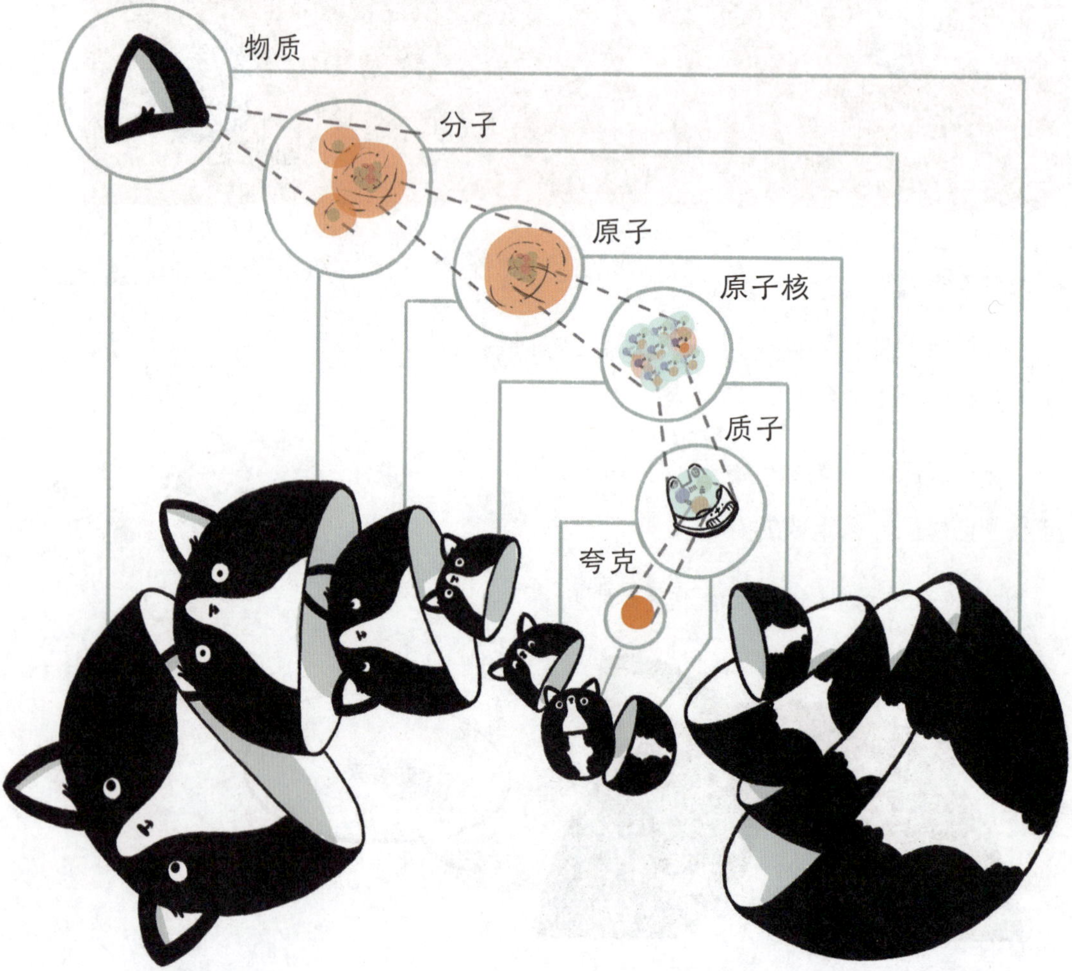

原子核由什么组成？它由质子和中子组成。

质子和中子由什么组成？它们由被称为夸克的粒子组成。夸克在胶子的作用下结合在一起。

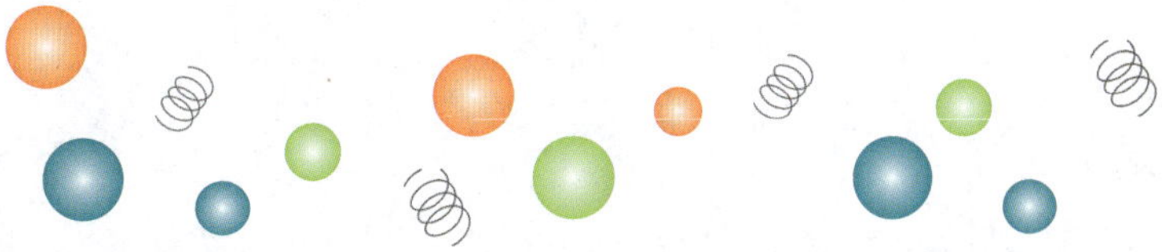

好了！现在拆分可以暂停一下，因为据我们所知，夸克和电子不能再进一步拆分……至少目前是这样的。

这些图片没有按比例绘制，如果这么做，它们要么被画得非常大，要么小到让人觉得荒唐。这些图片只是为了让你对粒子的大小有概念，尽情享受下面的小测验吧。

在巨人的幻想世界里

小测验

如果一个质子被画成一支笔那么长，那么最小的原子将和珠穆朗玛峰一样高，一个病毒几乎和地球一样庞大，而猫的一块零食将占据与 ______ 一样多的空间。

（a）太阳和木星之间的区域

（b）一只小猫

（c）宇宙

（答案在第 150 页）

世界纪录和惊喜

CERN也是万维网（WWW）的诞生地，它使人们能够在全球范围内“在线”分享他们的奇思妙想、图片和视频。世界上第一个网站是在这里创建的，已经有三十多年的历史。这个地方充满了惊喜，同时这儿有很多东西等待你去发现。猜一下这个小小的问题当热身吧：

奇妙的CERN

你能猜出以下哪些吉尼斯世界纪录是授予 CERN 的吗？

（提示：有 4 个正确答案。）

（a）最大的科学仪器

（b）最强大的粒子加速器

（c）人造的最低温度纪录

（d）人造的最高温度纪录（比太阳中心热 100,000 倍以上）

（e）首次证明存在一种叫作希格斯玻色子的粒子

（f）最国际化的研究机构

（g）粒子无须护照就可跨越国境边界的唯一的地方

（h）制造出速度最快的粒子

（答案在第 150 页）

你已经有了答案：这是一个充满纪录的地方。做好准备去体验一段令人兴奋的旅程吧，但要当心，你即将踏上的旅程会相当怪异……因为有一个小麻烦——那里有一只可怕的恐龙。注意，恐龙的咆哮声越来越近，CERN可能处于危险当中……快点！故事已经开始了！

你想以什么角色去探案？

首先，选择你的探案“身份”吧。选项有：

一个学生：为你在CERN的第一天做好准备。梦想成真是多么令人兴奋！

一位CERN的研究员：做一天顶级专家，这一天可与普通的一天完全不同。

一个去日内瓦旅游的游客：出发，准备好你的相机。

前往第110页。这个故事在很多方面都是紧张刺激和怪异的。

前往第10页。这场旅程肯定充满了让人意想不到的惊喜，还会产生特殊的友谊。

前往第44页。这是最具挑战性的冒险，一场充满前沿科学真理，并且热血沸腾的旅程。

如果你选择成为去日内瓦的游客

湛蓝的天空，欧洲最大的山脉——阿尔卑斯山脉沐浴在阳光下，欢迎你来到日内瓦。在美丽的冬季中的一天，你可以看到魔法般的雪山顶峰——勃朗峰，这是欧洲最高的山峰，也是滑雪爱好者的钟爱之地。

这是你第一次来到瑞士，你迫不及待地想沿着日内瓦湖（当地人称之为莱芒湖）漫步，探索这个国家最多元化的城市之一，大快朵颐美味的瑞士巧克力。你还可以通过一个大花钟来知晓时间。

尽情享受风景，但你应该知道，你很快就会遇到麻烦。为了克服一些障碍，你现在需要做两个极其关键的决定。

选择你的帮手

当你面对意想不到的棘手情况时，帮手将至关重要。你有3种选择，但只有一个对你完成任务至关重要。跟着直觉走，选择一个吧。

- 一个CERN的消防员
- 一个旅行代理人
- 一个魔术师

我认识那位旅行代理人。她总是给我美味的零食！

选择你的工具

你永远不知道有什么在等待着你……这些物品中的一个将在你冒险之旅的某个时刻派上用场。是哪一个呢？猜一下，祝你好运。

- 一袋杂货
- 一袋鸟食
- 一副双筒望远镜

提示：在你的选择旁打钩！

现在翻过这一页，祝你好运！

你有一只可爱的宠物鹦鹉，它总是跟在你身边，飞行高度不超过你头顶一米。你们俩形影不离，你只要出门就会带着它。你的家族有驯养鹦鹉的传统，已经延续几代人，并都给它们起名为“奇皮”。

你今天规划了许多观光活动。你总不能来过了日内瓦，却没有领略万国宫的辉煌，那里是联合国办事处所在地。在这里，来自世界各地的外交官和国家代表，就最棘手的国际问题和人权问题展开谈判。

奇皮的存在可能会引起很多人的注意，所以你稍微弄乱头发，为你的宠物造出一个舒适的临时巢穴，并戴上你的大帽子，让它隐藏其中，它可以透过羊毛帽子疏松的毛线呼吸、看外面的风景。这只鸟享受着这个不寻常位置的景色，没人注意它的存在。

“奇皮，你舒服吗？”你悄悄地问道。

“吱吱！”奇皮回答道。你知道它在说“是”。鹦鹉经常学人说话和吹口哨，奇皮的父母可以很轻易地学人说话。但是，你付出了努力和耐心，训练奇皮，它都没有像它的父母一样拥有这份能力。无论如何，奇皮是你心爱的宠物，你喜欢它只是因为它就是它。

你今天的第二个目的地是日内瓦自然历史博物馆。它是瑞士同类博物馆中最大的一个，它还拥有“雅努斯”，这只世界上最长寿的双头龟。

当你准备进馆时，你把奇皮藏在你的帽子里。你开始参观，从专门展示当地动物的场馆开始。奇皮困惑地转着脑袋看这些标本，比如阿尔卑斯山羚羊和土拨鼠，它们一动不动，也不发出一丝声音。

接着，你将注意力转向外国的动物。向前面走几步，你看到8只凶猛的老虎围成一个半圆形。它们似乎随时准备向你扑过来，你感到奇皮在颤抖。这些巨大的肉食动物——即便是可爱无害的小猫——都能让奇皮怕得打战。最好赶快离开这里。在经过一个霸王龙头骨的复制品时候，你匆匆走向一个看起来像小鸵鸟的动物。

“看，奇皮，这是袋鼠岛鸸鹋。据说这是世界上已知的唯一标本。”你指着它说。你的朋友奇皮稍微放松了一些，但当它意识到有多少动物已经灭绝时，它又感到很伤心。

科学小贴士

拯救野生动物

恐龙、猛犸和剑齿虎早已灭绝，而我们眼下每年仍有许多动物灭绝或濒临灭绝。例如，西非黑犀牛在 2011 年宣布灭绝，全球 5 种淡水河豚物种都面临灭绝的危险。袋鼠岛鸸鹋于 19 世纪初被人们发现，在不到 30 年的时间内宣布灭绝，这很可能是因为人类的大量猎杀和其栖息地被破坏导致的。博物馆中展出的 8 只老虎分属 8 个不同亚种，其中 2 种已经灭绝。博物馆还展示了 3 只秃鹫，它们是翼展长达 3 米的巨大猛禽。猎人们在阿尔卑斯山把它们全部猎杀。几乎一个世纪以来，这些山脉中都看不到它们的身影，直到最近被人为重新引入。

请你翻到第100页。

这次跳伞极其危险，好在你们两个都成功地在正确的时机打开降落伞，没有摔断手脚。

你们面前是巨大的ALICE探测器，它有着异常鲜红的门。ALICE是大型离子对撞机实验（A Large Ion Collider Experiment）的英文首字母缩写，你停下来欣赏它。每扇红门重达350吨，整个探测器重达惊人的1万吨，相当于2000头非洲大象的重量。它的长度相当于6条尼罗鳄排成行（26米），高度相当于3只长颈鹿“叠叠乐”（16米）。你忍不住拍了一张照片。

“走开！！！”黑臭先生尖叫道。你庆幸他一直说话简短，这样他的口臭就可以被人容忍了。

ALICE 实验里的热汤

你还记得我们周围的一切都可以被拆解成更小的组成部分，就像俄罗斯套娃一样，直到粒子吗（见第 6 页）？ ALICE 实验的研究人员研究了数百亿年前存在的物质类型，远早于行星、星系和恒星的诞生。在宇宙诞生之初，粒子是未结合或尚未组成任何物质的。

宇宙大爆炸后数百秒，此时还不具备能让电子与原子核共同形成原子的条件，因为温度太高了。夸克无法“粘”在一起形成质子和中子。宇宙只是一个热而密集的粒子汤：所谓的原始汤。

由于我们不能回到过去研究“这锅汤”，ALICE 实验的研究人员尝试用超高能量，在高温下让粒子碰撞来重新制造原始汤。

在 ALICE 实验中，粒子碰撞（在一个非常微小的体积内）会产生比太阳核心温度还要高得多的温度！

你能在这汤里加一些鱼吗？

小测验

烹饪原始汤

你有氢原子，水分子，一些混合的自由夸克，胶子和电子，还有一些蔬菜。只有一个是原始汤的正确原料，是哪一个呢？

（答案在第 152 页）

烹饪完你的“汤”后，翻到第85页。

A
氢原子
B
水分子
C
自由夸克，
胶子和电子
D
一些蔬菜
原始汤的艺术化解读

ELENA是CERN反物质工厂内的一个减速器的名字。它代表超低能量反质子环（Extra Low Energy Antiproton ring）的意思。维塔利教授一定把密码的另一个字母写在ELENA附近的一张纸上，并用一个铁制回形针将它隐藏、固定。这就是维塔利教授诗歌中的秘密信息。你眨眼间就去到那儿了。

奇妙的CERN

反质子究竟是什么？

当质子在 LHC 内飞得越来越快时，ELENA 却有相反的目标：它用来减缓粒子（在这种情况下是反粒子）的运动速度。这就是为什么它是一个减速器而不是加速器。当质子在 LHC 内飞行时，ELENA 则使用反质子，反质子与质子类似，但带有相反的电荷。

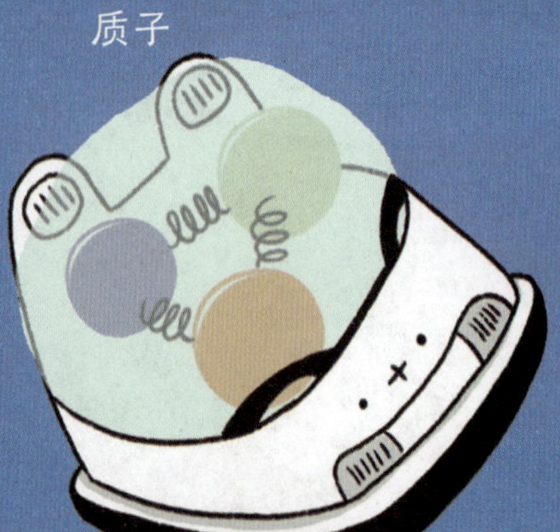

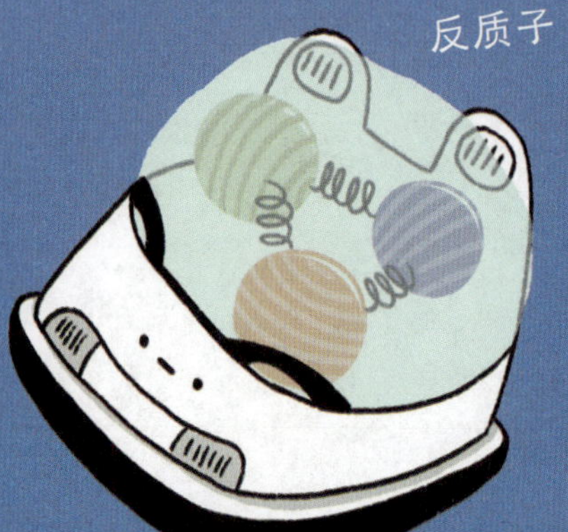

当你到达ELENA减速器时，你发现了一根木棍、一根长绳和一个环形磁铁。

游戏

在ELENA的图中找到这些物品：

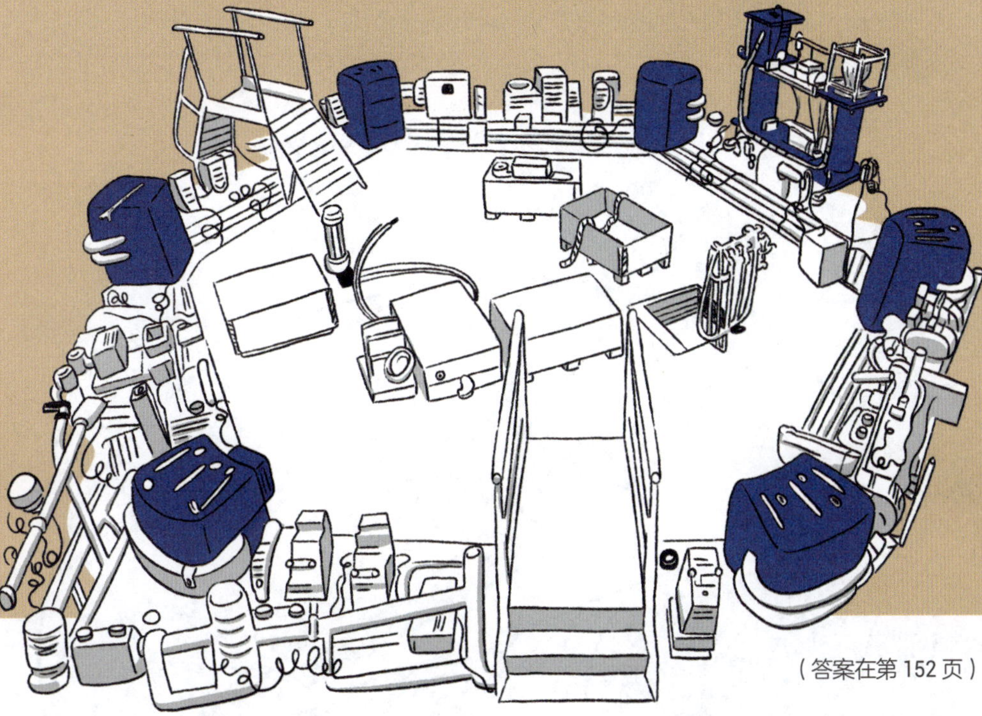

（答案在第 152 页）

有了这 3 样物品，你能构建出一些东西来钓起被铁制回形针固定的纸条吗？在旁边的空白处画出你的想法。

完成后，翻到第30页，观察你画的图与第30页的图，对比一下二者有什么不同。

你现在手里没有一杯水，唯一能做的就是骑上自行车，尽可能快地沿着隧道朝ATLAS探测器的方向骑行。

不幸的是，自行车的一个轮胎几乎要没气了，这意味着你的骑行变得越来越困难。与此同时，黑臭先生也跳上了一辆自行车。当你呼呼直喘，他骑在你前面找到了密码的最后一段。很抱歉，对你来说，游戏结束了。

你最好是选一杯水，在第77页找到一个巧妙的方法来使用它。

LHC 非常长。检查和修理 LHC 的人可以
骑着自行车沿隧道行进。

你下一个想法是让恐龙打一会儿喷嚏。怎么做？用胡椒粉！

太糟糕了，受惊的厨师把盐和胡椒粉的罐子打翻在地。胡椒粉和盐混在了一起，但别担心，因为静电可以帮你！

你在第111页选择气球作为你的工具了吗？

- 如果你这么做了，翻到第119页。
- 如果没有，你唯一能做的就是叫另一个帮手。如果你更喜欢动物驯养师，翻到第53页。如果你想寻求弗兰肯斯坦的怪物的帮助，翻到第145页。

最好不要告诉薛迪

科学小贴士

电子（electron）、电力（electricity）和用电的（electric）这三个词来自“elektron”，在古希腊语中这个词是琥珀的意思，这是为什么呢？古希腊哲学家泰勒斯（约前 624—约前 547）通过用一些毛皮（可能是猫毛皮）摩擦一块树脂化石——就是琥珀，发现了静电。他不知道电子是什么，但他觉得用带静电的琥珀吸起羽毛很有趣。除此之外，琥珀也是保存恐龙化石的极好材料！你知道吗？人们在缅甸发现了一块含有 9900 万年前恐龙尾巴的琥珀。

当你收集足够的胡椒粉后，把它抛向恐龙，你希望这会让它打喷嚏。

但是，胡椒粉并没有起作用。毫不受影响的恐龙继续吼叫，在园区周围制造恐慌。

你应该在第134页选择另一个帮手。

迄今为止你已经找到了5个字母：H、E、C、P和Y。你可以用这5个字母组成不同的密码，比如EPCYH或者HECYP。

让我们从简单的开始：

步骤1　如果密码只有两个字母（比如H和E），你只能有两种排列方式：HE或者EH。（也就是：2×1=2）

步骤2　如果密码有3个字母（H、E和P），你可以有6种排列方式：HEP、HPE、EHP、EPH、PEH、PHE。（也就是：3×2×1=6）

小测验

步骤3　用4个字母（H、E、P和Y）可以有多少种组合？

（a）24　　（b）8　　（c）22

（提示：你可以尝试写出这4个字母的所有组合，比如HEPY、HEYP、HPEY等等；或者你可以使用前面例子中展示的数学技巧。在这种情况下，答案是：4×3×2×1。去第153页检查是否有所有可能的组合。）

HEPY	HEYP	HPEY			

有了你收集的5个字母（H、E、C、P、Y），你会有120种密码的可能性（也就是5×4×3×2×1）。

步骤4　除此之外，你还缺少第6个字母，这个字母在反物质工厂里找不到。如果你找到了它，你将有720个选择。但由于这个字母丢失了，它可以是英语字母表中从A到Z的任何一个字母。这基本上意味着你有720乘以26，结果是18,720种密码的可能性！你的脑子在燃烧，你的信心在消失。天哪……

让我们看看第124页会发生什么。

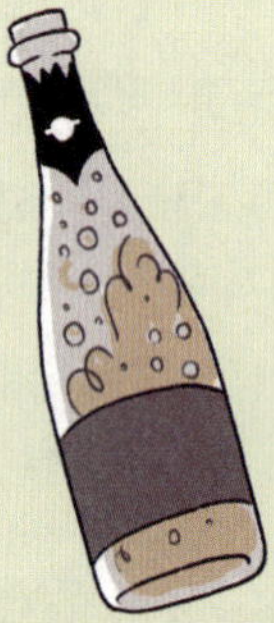

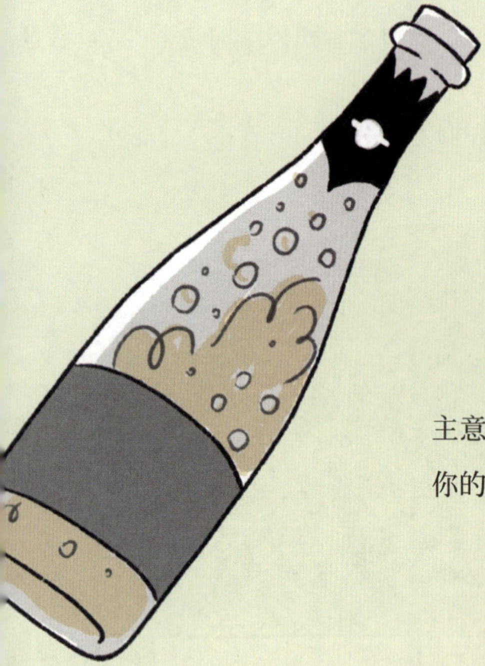

由于你的第一个想法不可行，你又想出了另一个主意。“能用香槟让恐龙喝醉吗？”你想知道答案。你的想象力是无穷的。

你在第111页选择了香槟作为你的工具吗？

➔ 如果你这么做了，翻到第143页。

➔ 如果没有，翻到第123页。

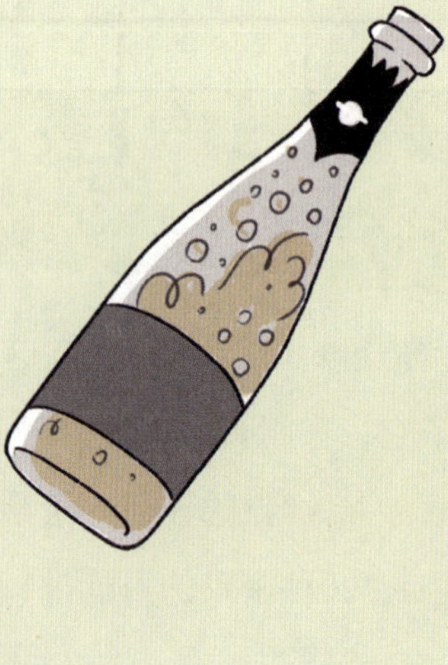

在不知道箭头翻转的情况下，黑臭先生一直骑车到CMS探测器。当他到达时，警察已经等在那里了。哈哈哈，他自作自受！

与此同时，你在ALICE探测器和ATLAS探测器之间找到了剩下的密码。这个字母隐藏在一个看起来奇怪的句子中。请你在玩游戏的同时找出答案吧。

游戏

跟随隐藏的线索

每个单词的字母都按照某种规律交换了位置。找出规律，你就会得到线索。

Eakt eht dhirt rettel fo eht dorw shysicp.

这句话的意思是：以物理学这个单词的第 3 个字母为例。

（提示：看看这句话中每个单词的第一个字母和最后一个字母。答案在第 153 页）

现在你准备好继续冒险了。下面的字母盒子里有你下一步行动的关键信息。

字母盒子

游戏

在字母盒子中按照横、竖、斜方向圈出以下单词，注意有重复字母。剩下的字母从上到下会告诉你接下来要去哪儿。

- 粒子（PARTICLE）
- ATLAS
- CMS
- LHCb
- 质子（PROTON）
- 加速器（ACCELERATOR）
- ALICE
- 磁铁（MAGNET）
- 物理学（PHYSICS）
- 探测器（DETECTOR）
- 企鹅（PENGUIN）
- 善待动物组织（PETA）
- 夸克（QUARK）
- 胶子（GLUON）
- 汤（SOUP）
- 电子（ELECTRON）
- 猫（CAT）
- 恐龙（DINOSAUR）

A	T	L	A	S	T	Q	R	G	N	O
T	C	T	O	E	O	U	U	O	P	A
G	E	C	N	P	A	U	R	A	E	T
P	W	G	E	S	H	T	P	R	R	E
P	A	A	O	L	C	Y	O	C	L	K
M	E	N	L	E	E	T	S	C	M	N
G	I	N	L	I	C	R	I	I	O	S
D	L	E	G	E	C	T	A	T	C	B
C	E	U	T	U	R	E	O	T	C	S
N	A	E	O	A	I	R	T	H	O	Y
O	D	T	P	N	P	N	L	N	E	R

G_ T_ P_ _ _ T_ _ _ _ _ - _ _ _.

（答案在第 152 页）

你差点从起重机上掉下来，一个消防员来救你。在拯救奇皮的过程中，你的手机掉在地上，手机摄像头摔坏了。这太糟糕了，但至少你还活着，消防员帮助你们两个安全地落地了。吁……你长舒一口气！

你正在感谢消防员的时候，叽叽喳喳的鸟儿叫声充满整个车间。奇皮用惊恐的眼神看了你一眼，然后从大门飞了出去。“奇皮，你现在要去哪儿？”你困惑地大喊。

“不用担心。这只是一段猛禽的录音，定期在建筑里播放，用来防止鸽子和其他鸟类进入这里并在这些珍贵的大磁铁上留下它们的排泄物。”消防员说。但是奇皮没听到消防员的解释就飞走了。

奇皮要去哪儿？快，跟着它翻到第146页。

你在箭头标志前放上装满水的透明水杯。当你看向它时，会发现水杯改变了箭头的方向。多么神奇的把戏！

科学小贴士

翻转箭头

光线在空气中通常会以直线的方式进入你的眼睛。然而，此时来自箭头的光线会弯曲，因为它们穿过了不同的材料：空气、玻璃和水。光线在玻璃和你的眼睛之间交叉，导致箭头的图像左右翻转。这就是折射的力量！彩虹也与折射有关：白光的光线在穿过天空中的水滴时会弯曲并被分成多种单独的颜色。

黑臭先生转错了方向。他认为自己是从ALICE探测器向ATLAS探测器走去的，但实际上，他正朝着CMS探测器跑去（请参阅第3页上探测器的位置）。

奇妙的CERN

CMS 及其巨大的成功

CMS 是紧凑（compact）缪子（muon）线圈（solenoid）3 个英文单词首字母的缩写。整个探测器长 21 米（与一节火车车厢一样长），高 15 米，像 3 只长颈鹿“叠叠乐”一样高，真是难以想象。

CMS 是 LHC 上最重的装置：它重达 14,000 吨，这比 2800 头非洲象加一起还要重。它包含一个螺旋形磁铁——世界上最重的磁铁。

CMS 实验和 ATLAS 实验的研究人员于 2012 年发现了一种叫作希格斯玻色子的新粒子。这是一个巨大的成功，因为多年来研究人员一直梦想证明这种粒子的存在。

太好了，他上了你的当！既然你脱身了，就可以打电话给警察了。

前往第80—81页。

三、二、一，出发！

让我们比较一下光速与跑得最快的人、跑得最快的动物和运行速度最快的交通工具之间的差距，仅供娱乐。

km/h：千米每小时
km/s：千米每秒

出发!
牙买加田径运动员尤塞恩·博尔特打破了世界纪录，将他的百米速度转换一下，他的平均速度是 37.57km/h。
8
速度最快的恐龙之一是似鸵龙，它们的奔跑速度高达 60km/h。
7
猎豹是奔跑速度最快的陆地动物，高达 96.6km/h。
6
游隼是飞行最快的鸟。它俯冲水面时的速度高达 389km/h。
5
世界上运行速度最快的列车之一是上海磁悬浮列车，它的速度高达 430 km/h。
4
我们乘坐飞机时的速度大概是 930 km/h。
3
航天飞机的速度必须达到约 28,511km/h 才可以保持在特定的轨道上。
2
光速大约是 1,000,000,000 km/h，但是我们通常会写成 300,000 km/s。
1

光子从地球飞到月球大约需要 1 秒。质子在 CERN 的 LHC 内的速度几乎达到光速的 99.9999991%。哇，这个数字有很多 9！

“想象LHC内就像是一个赛车道，而且是双向交通道。”玛塔解释道，“质子就像碰碰车，在赛道上加速行驶，直到它们相互碰撞。”

“我们希望这些‘碰碰车’在LHC环的几个交叉点对撞，这些交叉点上安装着大型探测器，它们是：ALICE、ATLAS、CMS和LHCb探测器。”她继续说。

（你可以参照第3页的地图来定位这4个探测器。）

“然而，粒子碰撞与我们日常生活中发生的碰撞非常不同。对你来说这听起来可能很疯狂，当这些质子相互撞击时，它们会转变成其他粒子而不是分裂成千千万万个更小的粒子。例如……”

玛塔停顿了几秒钟，然后想出了一个非常惊人的比喻。“这就像两辆碰碰车相撞，然后撞出一艘船，一辆自行车和一架直升机。在另一次碰撞中，却撞出了一艘游轮。你懂我的意思吗？”

参观者们看起来相当困惑。

“粒子物理的世界真的很奇特，但我爱研究它们。”她补充道。

我能以48km/h的速度奔跑，这大约是0.01km/s。你呢？你能追上我吗？

翻到下一页，看看质子和质子碰撞的两个例子。

呜呜……
嗡嗡……
质子
哐当!
希格斯玻色子
呜呜……
嗡嗡……
质子
哐当!
很多其他的
粒子

在导游的带领下，你发现CERN的所有道路都是以著名物理学家的名字命名的。你目前正在沿着沃尔夫冈·泡利路，或沃尔夫冈·泡利街行走，这是以沃尔夫冈·泡利（1900—1958）命名的。

科学小贴士

沃尔夫冈·泡利（Wolfgang Pauli）是谁？

他是量子物理学的超级巨星之一，于1945年获得诺贝尔物理学奖。他发现的原理是：像电子这样的一些粒子，不能在同一时间、同一能量状态下位于同一个地方。

趣闻轶事：据说当沃尔夫冈站在一些实验设备附近时，碰巧设备就会自己坏掉。这都能被其他科学家命名为“泡利效应”，显然是这种奇怪的现象经常发生！

只要我身边的东西碎了，我都会怪“泡利效应”。

沃尔夫冈因他发表的一条评论而闻名，这条评论听起来令人困惑，但道理非常深刻：“这是不正确的，这甚至连错都算不上。”他这句话指的是一个无法被证明的科学主张。例如，你说“哺乳动物不下蛋”，然后你可以环游世界以验证这句话是否正确。一旦有人发现了一个下蛋的哺乳动物的例子，比如澳大利亚的鸭嘴兽，你就知道你的主张是错误的。然而，如果你的主张在目前（至少）还无法被验证，比如“外星人居住在水星上并说英语”，这就没有人能够证明它是对还是错。

这张照片显示了沃尔夫冈·泡利和另一位著名物理学家尼尔斯·玻尔在一起探索陀螺旋转的物理现象。也许这是他们最喜欢的玩具，我们怎么能责怪他们呢？

跟随导游翻到第82页。

你可以使用磁铁、棍子和绳子制作一个钓鱼竿，就像下面这样，然后试着吸起一个回形针。

你四处“钓鱼”，开始拉起各种被人遗忘的有磁性物体。

小测验　你可以用磁铁“钓”出哪些物体？

（a）钥匙、缝衣针、镍币、剪刀、铁钉和回形针

（b）除了猫粮和塑料瓶盖之外的所有东西

（c）除了猫粮之外的所有东西

（答案在第 152 页）

你找到了一个回形针，但是它一点儿夹过纸的痕迹都没有。

有人在你到达之前拿走了密码的第四部分吗？

那真是一场悲剧！但你没有放弃，决定尽快收集到密码的其他字母。

翻至第135页。

你用肉眼不容易看清楚奇皮，双筒望远镜可以帮助你。

你不安地四处张望，直到在地平线上发现你的朋友。它飞过了水塔，正朝向 180 号高大建筑飞去。

太棒了！你决定驾驶双层巴士去那里。

翻到下一页。

你终于进入180号建筑，这儿是一个大型的工作间，用来生产和测试LHC所用的磁铁。

找到LHC的磁铁

游戏

这儿正在制造的LHC的磁铁还没有被涂成蓝色。在这张图片中有5个磁铁。你能找到并圈出它们吗？

（答案在第 154 页）

但是奇皮和那只不可一世的猫在哪儿呢？望远镜再次派上用场……

你四处搜寻，翻到了第41页。

当你从LHCb探测器骑车返回CERN的主园区时，突然传来一声雷鸣般的吼声。

你回头看去，

“啊——”你尖叫一声。

“天哪，那是一只**恐——龙！**”你屏住呼吸盯着它。

没开玩笑！一只兽脚类恐龙就在距离你几米之外。它是一只成年大型肉食动物，有着锋利的牙齿和令人恐惧的眼睛。那张嘴看起来相当大，可以在眨眼间将你咬碎吞噬。它三趾的爪子好似准备撕碎你。更令人担忧的是，它愤怒地摆动着尾巴，发出巨大而可怕的吼声。你拔腿就跑，速度大约是平时的两倍。

科学小贴士

恐龙的叫声像什么？

实际上，我们不知道恐龙的声音是什么样的，因为它们很久以前就灭绝了。你可能会好奇，电影中恐龙的声音是如何制作出来的呢？迅猛龙的声音来自乌龟、马和鹅。霸王龙标志性的吼叫声可能是混合了大象和狗的声音制作而成的。然而，古生物学家认为霸王龙的声音可能更像现代的鸸鹋：它甚至不会吼叫，而是发出咕噜声和砰砰声。

很久很久以前，这种兽脚类恐龙生活在离日内瓦不远的地方，那个地区对应着今天的侏罗山脉——你在骑车返回CERN的路上看到的那个山脉。你知道吗？地球在2亿至1.45亿年前，恐龙家族繁盛的那段地质年代——侏罗纪，就是以该山脉的名字命名的。

骑行至第88页。

“当粒子束流启动时，来自LHC加速器两个方向的质子在这里相遇、碰撞并转化为一大堆其他粒子，”莱塞迪解释道，“我们需要一个巨大的仪器——就像你在这里看到的这个——来探测它们。”

“你是什么意思？质子怎么会变成其他东西？”你问道。

“这都与爱因斯坦的公式有关：$E=mc^2$……”她说。

科学小贴士

爱因斯坦著名的方程式：$E=mc^2$

E 代表能量，m 代表质量，c 代表……速度（公式中用的是拉丁语 celeritas，它的读音像魔法咒语，但在拉丁语中意味着“速度”，在这里指光速）。光速本身就很大，更何况是乘以 c^2。你知道能量可以变成质量，反之亦然吗？有了大量能量，你就可以制造出大量的粒子！

质子在开始它们的旅程时具有一定的质量和能量，但当它们在 LHC 环中飞驰时，能量会增加。当它们在探测器内相互碰撞时，部分能量会转化为新的质量，以新粒子的形式存在。质子运动的速度越快，它们碰撞时的能量就越高，产生的粒子也就越重。

小测验

与太阳有关的问题

太阳“燃烧”是一种物理现象，需要氢原子核。氢原子构成宇宙中最轻的气体，太阳“燃烧”将其转化为氦原子核。太阳每秒可以将 6 亿吨氢原子核转化为 5.96 亿吨氦原子核。好吧……可是那消失的 400 万吨物质干什么去了？

（a）它们完全转化为能量。

（b）它们永远消失了。

（c）它们被黑洞吞噬了。 （答案见第 157 页）

没有任何东西被创造出来，也没有任何东西被摧毁消失，这一切都在转化中。

参观完LHCb探测器，问题却接踵而来。

去往第33页。

你很不情愿地面对着虹膜扫描仪。

系统识别了你的眼睛，门打开了。黑臭先生毫不犹豫地跳了进去。

他强迫性地拉着你走向电梯，因为密码的下一部分被隐藏在地下的ALICE探测器里。

你们俩都太紧张了，没注意到电梯门上贴着的警告信息：

今天不工作！

你按了电梯按钮，但门没打开。黑臭先生在狠狠地瞪着你。你按了5次按钮后，得出一个结论：这条路走不通了，因为电梯坏了。

黑臭先生实在懒得走楼梯，指着一个大井喊道："下去！"幸运的是，他选择了一个简短的词，所以你设法抵挡住了他嘴里喷出的口臭风暴。顺便说一句，这个井道曾经用来逐个降下组成探测器的所有部件和设备。

你有没有在第44页选择两件背心式降落伞作为工具？

- 如果有，请翻动本页的顶角。
- 如果没有，请翻动对面页的顶角。

干得不错！3，2，1，跳！跳到第14页。

科学小贴士

恐龙有多大？

你有没有量过你的脚和腿的长度？测量一下，然后用你的腿的长度除以脚的长度。你得到了什么结果？对大多数人来说，我们的腿长是脚长的 3 到 4.5 倍。信不信由你，可怕的兽脚类恐龙也是如此！因此，要计算霸王龙的腿长，你只需将它的脚印长度乘以 4 即可。

兽脚类恐龙是双足行走动物，它们用两条腿行走。其他恐龙，如蜥脚类恐龙，是用四足支撑它们巨大的身体的。对于蜥脚类恐龙而言，你需要在两只前腿之间画一条直线，然后再在两只后腿之间画一条直线。然后，找到两条线的中点并测量它们之间的距离。这个长度对应恐龙的前腿和臀部之间的长度。

如果你想休息一下，准备一只能被吃掉的恐龙来让朋友们惊叹一下吧，去看看第 161 页的奖励材料。

继续翻到下一页。

游戏

踩恐龙的脚印

通过恐龙的脚印特征，如印迹的大小和形状、出现的地理位置以及岩石的年龄等线索，可以推测恐龙属于哪类群体。四足行走的恐龙通常前脚比后脚小，双足行走的恐龙会用它可怕的爪子来抓捕猎物。

兽脚类恐龙，如霸王龙，具有长而纤细的脚趾和V字形的脚印轮廓。蜥脚类恐龙，如梁龙，留下了所有恐龙中最大的足迹；它们留下又宽又圆的后脚印，而前脚印较小。

请你沿着这些恐龙的足迹向上追溯，将数字填入相应的方框中。计算结果将告诉你接下来该去哪儿。

（答案见第 156 页）

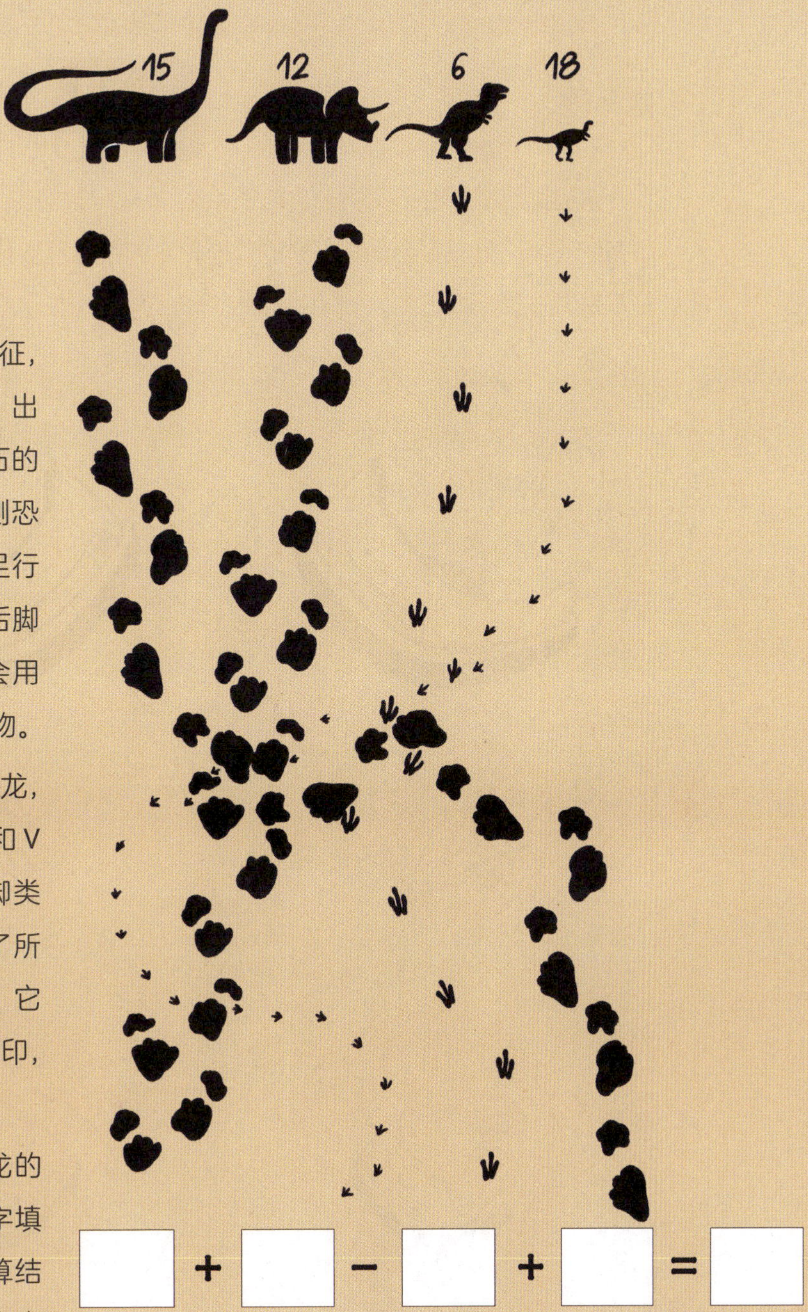

找不同

游戏

你能找到物质粒子（质子、电子和氢原子）与相应镜像反物质粒子之间所有的不同之处吗？当然，下方的薛迪和它的镜像反猫伙伴只是在捣乱；它们不是粒子，不算在内。

质子

反质子

电子

反电子（正电子）

氢原子

反氢原子

猫

喵——

——喵

反猫

（答案见第 156 页）

前往第40页。

恐龙正冲向CERN的主园区，现在它就在你面前。这只巨兽看起来愤怒、饥饿，并且准备发动攻击。所有人都朝着相反的方向逃离。而你是唯一跟随这只恐龙的人：这可能是一次你不想错过的冒险，这辈子都不想错过。

当恐龙到达CERN时，它朝着一个名为反物质工厂的建筑物进发。你一边大口喘着气，一边跳下自行车，思考接下来的行动。该如何阻止这只恐龙呢?

丁零零——丁零零——丁零零——

“喂?”你接起电话，还是你父母打来的。“嘿！亲爱的，你在干什么呢?你在跑步吗?”妈妈问道。“我正前往反物质工厂。”你回答道。

“真的吗?那请帮忙问一下专家，他们真的能制造出反物质炸弹，就像科幻电影中的那样吗?!”爸爸建议道。“爸爸，你给我出了一个好主意！我一定会问的！现在我得走了，再见！”你边说边跑进建筑物内。

在第38页接受反物质挑战。

科学小贴士

反物质到底是怎么回事？（第一部分）

如果反物质接触到物质，两者就都会消失。所以如果你能获得足够的反物质，那只恐龙将会在一股能量中消失。

在反物质工厂内，你停下来和一个躲在那里的研究员交谈。

“你看到外面那只巨大的恐龙了吗？”你问反物质工厂的研究员。

“当然看到了，很难不注意到它，”她回答道，“这就是我躲在这里的原因。”

“你能制造一个反物质炸弹吗？只是一个小的，用来吓唬恐龙的炸弹。”你满怀希望地问。

“抱歉，小伙子，我想你看太多科幻电影了。”她解释道，“我们需要数百万年的时间才能制造出足够制造一个炸弹的反物质。”

奇妙的CERN

反物质到底是怎么回事？（第二部分）

普通原子核中有带正电荷的质子和中性的中子，周围有带负电荷的电子，而反物质则恰恰相反。反物质的原子核中有带负电荷的反质子，围绕其运动的是带正电荷的反电子（也叫正电子）。反物质工厂的研究人员正在研究反物质的性质，并制造由反质子和反电子组成的反氢原子。

小测验

你能在哪里找到反物质？

（a）只能在外太空和物理实验室中　（b）只能在物理实验室中

（c）在香蕉里

（答案见第 158 页）

不幸的是，你的第一个想法失败了。现在是你开动脑筋，发挥创意的时候了。

前往第22页。

奇皮就在屋顶正下方！薛迪把它逼到了飞行高度的极限。这只小鸟因为恐高和恐猫而颤抖着。

那里相当高，薛迪正在坠落。它会安全着陆吗？

你的心剧烈地跳着，跳到第50页。

这块蛋糕味道很棒。你慢慢地、小心翼翼地吃着。也许这块蛋糕里有豆子，而最糟糕的事情是你没尝出来就把它吞下去了。你第一口咬下去没发现豆子，第二口、第三口也一样，现在只剩下一小块了。

别在意，不能成为今天的国王也没事。你开始这样想。

然后，在第四口咬下去时，你感到牙齿和舌头之间有硬物。“我找到了！我找到了！”你跳跃着欢呼起来。你吐出一个微型的球状物体。每个人都鼓掌说：“恭喜！”

在欣赏这个奇怪的“豆子”时，洛里斯告诉你：“今天是你的幸运日！我还有更多好消息要告诉你。由于今天LHC内部没有粒子束流运行，而你是今天的‘国王’，你被允许参观LHCb探测器！”

“真的吗？”你带着灿烂的微笑问他。

“没错！你可以骑自行车去那儿。那边就有一辆。想要开锁，需要破解密码。”洛里斯笑着说。

“什么密码？”你问。

“我会给你一个线索：记住字母L—H—C—b，其余的在‘豆子’上。”洛里斯笑着递给你一个放大镜。

毁掉自行车锁？ 游戏

“记住 L—H—C—b，其余的在豆子上。”你提醒自己洛里斯说过的话。

你使用放大镜，发现豆子实际上是一个迷你密码轮，上面写有字母和数字。要破译密码，就要找到对应“LHCb”每个字母的数字。由此生成的 4 位数密码将解开自行车锁。

翻到与密码的最后两位数字相对应的页面。如果你卡住了，可以偷看一下第 157 页的答案。如果你想知道 LHCb 探测器在哪儿，请查看第 3 页的地图。

如果你选择成为一名 CERN 研究员……

你要做的是获得一个密码！这是你的任务，明白了吗？

你问为什么？哦，现在没有时间详细解释了。

选择你的帮手

你将遇到很多障碍，没有帮手你无法完成任务。谁能帮上你？这不是一个容易的选择。根据你的直觉，选择其中一项：

- CERN控制中心的一名最佳操作员
- 阿尔伯特·爱因斯坦
- 一只狗

选择你的工具

你还需要在这些工具中选择两个来帮你完成任务：

- 一个手电筒
- 两件背心式降落伞
- 特殊的隐形眼镜
- 一杯水
- 一把尺子

提示：在你的选择旁边打钩！

科学小贴士

谁是阿尔伯特·爱因斯坦？

爱因斯坦，那个有时会吐舌头的人，是历史上最著名的物理学家之一。你知道吗？他小时候不喜欢穿袜子，喜欢玩磁铁，并且在学校里的表现也不好。他的校长甚至告诉他，他将来不会有什么成就。好吧，当爱因斯坦在 1921 年获得诺贝尔物理学奖时，校长一定感到非常尴尬。

多亏了他的有关相对论和光电效应的理论，我们才有了激光、自动门和带有全球定位系统的智能手机。全球定位系统是一个由卫星和地面站组成的网络，它可以告诉你，你在哪里。

他去世后，人们分析他的大脑，想了解是什么让他成为天才，但这些研究并没有得出太多结论。你将通过后面的内容更多地了解他。

生活就像骑自行车。为了保持平衡，你要不停地前进。

希望你现在已经拥有了所有需要的东西。

翻过这一页，祝你好运！

乍一看，这里真是一团糟。你在CERN的办公室里堆满了纸张、书籍和期刊，显而易见你不是喜欢整洁的人。你的桌子上到处都是手写笔记，还有一些技术报告、一摞书和几个马克杯。房间里还有很多装满电线的储藏盒、电脑零件和收纳你多年来收集到的逻辑游戏的存储箱。

你的办公室几乎没有空间了。在这儿找到东西可能是一项挑战，但这就是你喜欢的方式。

甚至你办公室的墙壁上也贴满了会议海报、照片和数学方程式。有一些图片非常有趣。请仔细看看。

小测验

你发现了一只企鹅吗？那代表什么呢？

（a）另一个研究所的象征

（b）只是一只企鹅，没有其他意义

（c）物理学家们之间打赌的结果

（答案在第150页）

这是父母想让你打扫房间时的好借口。
如果说办公桌杂乱无章是头脑混乱的标志，那么我们又该怎么看待一张空荡荡的办公桌呢？

小测验

这张有螺旋和线条的图像是什么？

（a）粒子在气泡室[1]中的一张照片

（b）当代艺术

（c）你无聊时的涂鸦

（答案在第150页）

你在地球另一端参加了一次漫长的会议，刚飞回来，你的同事们明天会回来。现在是日内瓦的上午，但加利福尼亚仍然是夜晚。长途飞行和时差总是让你感到疲倦并有时差反应，但你必须赶完上周的所有工作并得出最新结果。

你的一天以一杯热巧克力开始，把热巧克力倒入你最喜欢的、那个印有标准模型公式的杯子。当你正要品尝这杯温暖的甜饮料时，突然，你听到走廊里传来一阵喧闹声。

翻到第78页。

1　气泡室（Bubble Chamber）是美国物理学家发明的用来探测高能带电粒子径迹的一种仪器。——本书脚注若无特殊说明，均为编者注你毫不费力地解决了这个问题：它是字母P。

另一方面，黑臭先生仍眯着眼睛，试图找到正确的电线。这给了你一个短暂的优势，你抓住机会从他身边逃跑！

维塔利教授把密码的下一部分藏在了LHC的隧道里的ALICE探测器和ATLAS探测器之间。

你现在要从这里去哪里？如果你需要，可以使用第3页的地图，记住你现在还位于地下100米。

你看着指向ATLAS的箭头标志，突然灵光一闪：你所需要的只是一杯水！

你恰好在第44页选择了一杯水作为工具吗？

如果你这么做了，翻到第77页。

如果没有，翻到第18页。

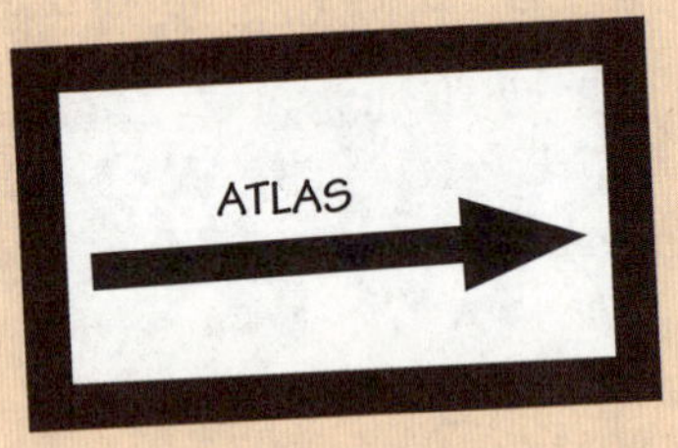

只有消防员才能帮助你。
翻转另一页的页角。

那个男人不吃了，厌恶地看着你。

“我能理解公交车上有狗，但是，鸟？！”他厉声抱怨道。

“可是……”你想解释。

“接下来是什么？”男人打断了你，“如果它咬了人怎么办？如果它在车上排便怎么办？如果它到处飞怎么办？你为什么不把它装进笼子里？你为什么不给它戴嘴罩？”他一直说。

“给我的奇皮戴上嘴罩？”你震惊了。

多么头疼啊！你试图解释奇皮会表现得非常好，而且它训练有素，只会在适当的地方排泄。但是你无法说服这个男人。你站起来，决定换座位。幸运的是，那个女孩旁边的座位还空着。

翻到第94页。

科学小贴士

你知道吗？猫的坠落对现代物理学做出了实质的贡献

当猫从倒挂的状态落下时，它们能够在没有任何外力的情况下快速地转身，并完美地用脚先着地。在19世纪末，一些物理学家认为坠落的猫违反了物理学定律。这个谜团直到1969年才被解开，结果表明猫并没有违反任何物理定律。

当猫坠落时，由于它有很灵活的脊椎，它会扭转腰部。它的身体形成V形并先扭转身体的前半部分。

然后，猫的前腿向前伸，加速它的上半身扭转。花样滑冰运动员用同样的技巧让身体在冰面上旋转得更快。

再然后，猫扭转它的后半身，让后腿回到身体下方并向下伸直前腿。

当猫即将着陆时，它能让自己的4条腿都向下伸直，旋转停止。

对薛迪来说小菜一碟！
它安全着陆，没有受伤！

你不假思索地爬上了一台起重机的滑轮，试图救下奇皮。然而，这台设备不应该被随意干扰，警报声响了起来。你失去了平衡……情况看起来不太好。

你在第11页选择了消防员作为你的帮手吗？

- 如果是，翻到这一页的顶角。
- 如果不是，翻到对页的顶角。

太棒了！翻到第24页继续你的冒险吧。

不幸的是，黑臭先生比你快得多。他先你一步拿到了隐藏在LHC隧道中的ALICE探测器和ATLAS探测器之间的密码。这太糟糕了。

回到第77页，选择另一种使用这杯水的方法。

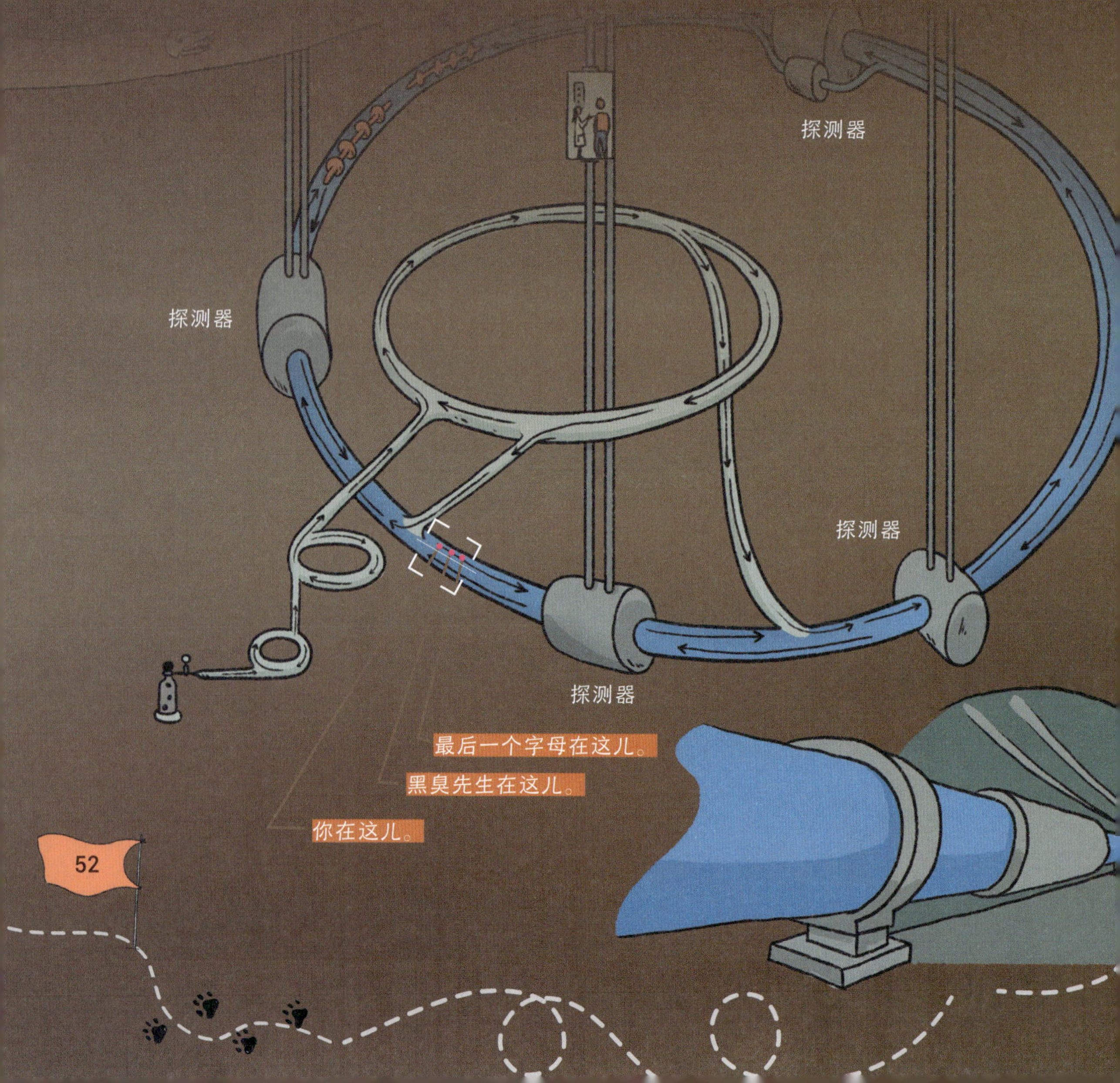

一位动物驯养师！为什么不需要呢？

没有人驯服过恐龙，但你敢打赌，莱奥妮——一位有过多次与大型掠食动物面对面接触的动物驯养师——她会有两把刷子。

莱奥妮说她想测试一种实验性的方法来让恐龙安静下来：催眠！

“我需要在更小的动物身上练习来热身。”她说着，把目光转向薛迪。这只猫甚至没有时间逃跑，就被她深深地催眠了。

“太棒了！成功了！”莱奥妮得意地说，“野兽，轮到你了！我来了！”

莱奥妮满怀信心地走向咆哮的恐龙，而恐龙也正向她移动。她们之间的距离已经近得非常危险了，你希望她一切顺利。

看来她取得了一些进展。恐龙先是停止了咆哮，然后开始颤抖，最后它完全被“定住”了，它张着嘴，表情很恐怖，就像自然历史博物馆里的动物标本一样。莱奥妮困惑地看着你说：“实际上，我什么也没做！”

什么?!

带着怀疑翻到下一页。

你想知道为什么恐龙“定住”了。突然间，一切都平静了。好像什么都没有发生！

你对这个结局感到困惑吗？选择扮演另一个角色来揭开这个神秘结局背后的真相吧。

你想知道恐龙是从哪儿来的吗？

你想在城镇周围漫步，从意想不到的角度探索CERN并找出薛迪在做什么吗？

翻到第10页，扮演游客的角色。

翻到第44页，扮演CERN研究员的角色。

你完成了所有3个故事吗？

翻到第148页的后记。

现在是午餐时间，周围没有人可以帮你。你没什么可做的，所以拿起了头盔、剂量计和安全鞋，这些都是进入ALICE探测器所必需的。黑臭先生不希望包括你在内的其他任何人得到密码，因为这意味着他那肮脏的“游戏”就结束了。同时，他需要你帮他找到进入限制区域的路。

例如，这扇门有一个安全系统，通过扫描虹膜（眼睛瞳孔周围的彩色环）才能打开。世界上没有完全相同的两个虹膜：虹膜是独一无二的，就像指纹一样。虹膜扫描仪能识别那些事先注册过的人，所以只有CERN的工作人员才能进入。

黑臭先生知道这一点。

“扫描你的眼睛让我进去！”他大喊。

你带着一丝犹豫走向虹膜扫描仪前。

你在第44页选择了特殊的隐形眼镜作为工具吗？

如果你这么做了，翻到第105页。

如果没有，翻到第35页。

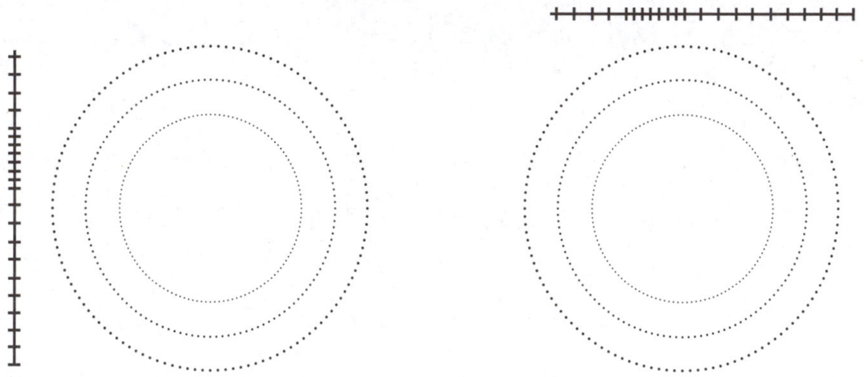

在这个虹膜扫描仪上画出你的眼睛。

在这一天的精彩游历结束之后，你感谢了洛里斯，然后决定在日内瓦市中心过夜。

丁零零——丁零零——丁零零——

你的电话响了。是你父母打来的。你接起电话说：“嘿！”

“嘿！你今天过得怎么样？”你的父母问。

“太棒了！”你热情地回答。

“太好了！我们只是想知道你是否一切都好。”你的父母解释道。

“是的，一切都很完美。我现在要去探索市中心了。”你说。

“玩得开心，小心点。”你的父母放心地说。

你乘坐了30分钟有轨电车，最终来到了一个叫作“堡垒”的漂亮的公园。那里有任何人都可以玩的巨型棋盘。多么好的主意啊！你和一个游客下了一盘国际象棋，但是你输了。没关系……

第二天，你精力充沛地回到CERN。今天是洛里斯的生日，大家在CERN的餐厅为他庆祝。

一些受邀者刚刚上完夜班。加速器和实验需要每天都全天候地监测，所以一些研究人员要轮流值夜班。

现在是高峰时间，餐厅里挤满了各个年龄段和不同国籍的人。CERN的官方语言是英语和法语，但你还可以听到许多不同的语言。在CERN工作的人会说多种语言是很常见的。

“我可以给整个团队拍张照片吗？”你提议道。

在摆拍照姿势时，每个人都说出自己国家拍照时常说的词，像英语中的“Cheeeeese”，他们还做了一些很滑稽的表情。这种“不和谐”的声音让你大声地笑了！

说Cheeeeese（芝士） 游戏

你能将下面的语言气泡与说这句话的人用线连起来吗？

如果你对旗帜和语言不感兴趣，但好奇其他信息，请查看第 155 页上的答案。

はい, チーズ。
Sano muikku.
Spaghetti.
Ptičica.
茄子。
Formaggio, cheese.
Ouistiti.
김치.
Paneer.
Appelsiini.
Patatas.
سيب
Cheese.

绽放一个灿烂的微笑，然后翻到下一页。

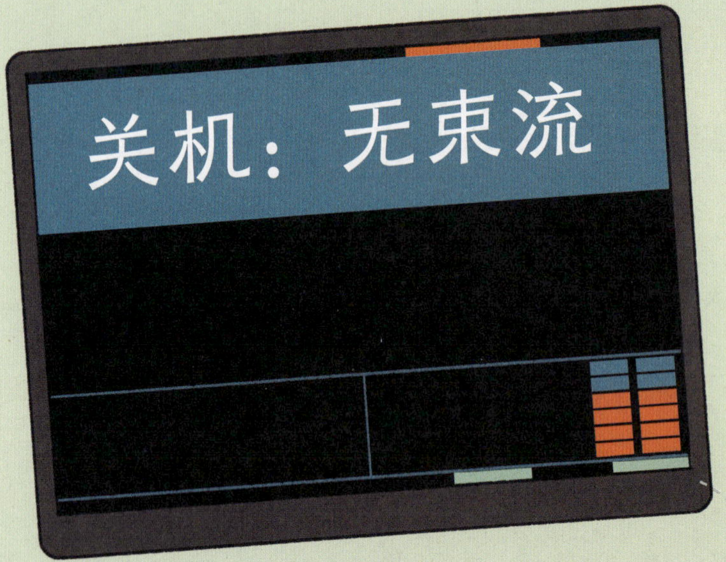

在等待洛里斯的生日蛋糕时，你注意到餐厅墙上的一块屏幕。

“屏幕上显示的是所谓的 LHC页面1 的网站，这对工作人员查看LHC加速器内部发生的事情很重要，”洛里斯的同事解释道，“例如，‘关机：无束流’意味着这些以光束的形式传播的粒子，目前并没有在CERN的加速器内飞行。”

“哇，研究人员即使在吃饭时也会关注加速器的状况。”你沉思着。

科学小贴士

如果你把头伸进一个正在运行的粒子加速器中，会发生什么？

你不要尝试……阿纳托利·布戈尔斯基是唯一已知的被粒子加速器束流照射过的人。1978 年，他在俄罗斯高能物理研究所学习时，曾靠在苏联最大的粒子加速器——U-70 同步加速器上，一束高能质子穿过了他的头部。由于他接触了大量的辐射，医生们担心他会出现最坏的情况。幸运的是，他活了下来，并继续学习，尽管他偶尔会癫痫发作，一只耳朵失聪，半边脸面瘫。

最近，一些医院用质子来治疗癌症患者，在这种情况下，质子束流会精确地瞄准肿瘤，且剂量大约是阿纳托利受到辐射剂量的三百分之一。

小测验 加速器的多种用途

LHC是一个非常特别的加速器。我们最常见的粒子加速器不是27千米长的，而是用于公司和医院的小型机器。

全世界大约有30,000个小型粒子加速器。它们被用来做什么？

（a）制造电子电路

（b）治疗癌症

（c）清洁水

（d）提高安全性

（e）制作更美味的巧克力和冰激凌

（f）以上所有，以及更多

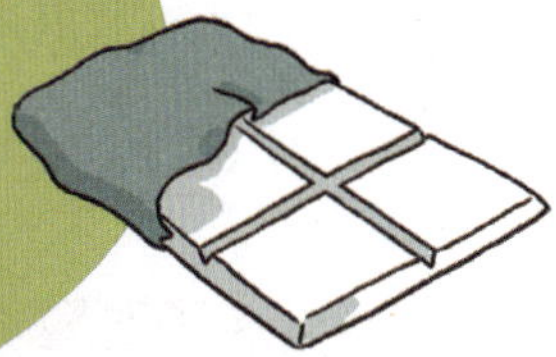

（答案在第155页）

科学小贴士 加速器能满足你对甜食的渴望吗？

是的，它们可以！你有没有注意到巧克力表面形成的白霜？这是可可脂的熔化特性的缺陷。一种叫作同步加速器的粒子加速器能产生X射线，帮助我们看清事物的内部，甚至是巧克力内部。一些科学家和食品制造商使用这项技术来改进他们的巧克力配方，制作出最令人垂涎的巧克力。

“嘿，你有没有吃过‘奶油酥饼’，也就是‘国王饼’？”洛里斯热情地说，“请自便。”

这款蛋糕不仅是一种美味的法国甜点，也是一个有趣的游戏。有一块蛋糕里藏有令人惊喜的豆子，找到它的人就会成为当天的“国王”。

今天是你的幸运日吗？你选择哪一块？

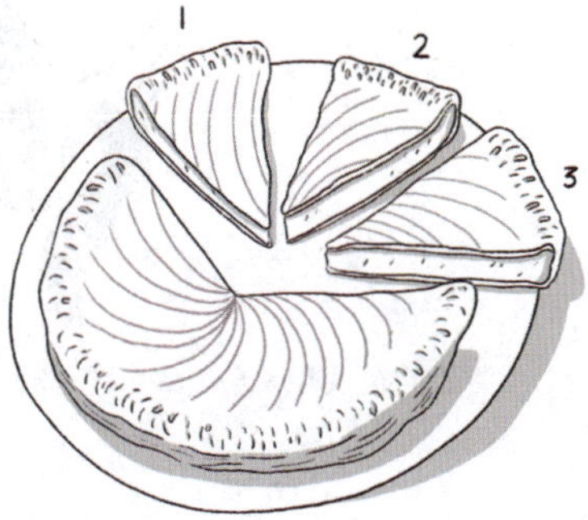

第1块：翻到第62页。

第2块：翻到第42页。

第3块：翻到第142页。

我听到了咬合声吗？你是说我每年要吃1,000,000,000,000,000（一千万亿）块炸鸡块？

数据中心是存储CERN产生的大量信息的中心：它能存储艾字节的数据量。

科学小贴士

什么是艾字节？

字节（不是薛迪想听到的咬合声）[1]表示计算机和其他电子设备中存储的数据量。数据可能是视频、照片、消息、应用程序等。

1艾代表1后面有18个0，换句话说，1艾字节是1,000,000,000,000,000,000字节，但你可免去写18个0的时间，只写1艾字节即可。

你也可以将艾用在其他度量单位前，例如，米。比如，你使用米来测量短距离，谈论更长的距离用千米，可你需要用艾米来表达宇宙空间的距离。再比如，有一个与太阳距离很近的名为HIP56948的星体，它与地球大约相距2艾米。

我梦想能有1艾克鸡肉、金枪鱼和鲑鱼。

但是，从实际角度来看，什么是艾字节？为了更好地理解它，请完成下一页的活动。

1　字节的英文byte与bite读音一样，bite是动词咬的意思。

字节迷宫 游戏

跟随线条，将不同的“字节”连接到相应的数据信息上。什么东西对应一个艾字节？

（需要帮助？翻到第 151 页）

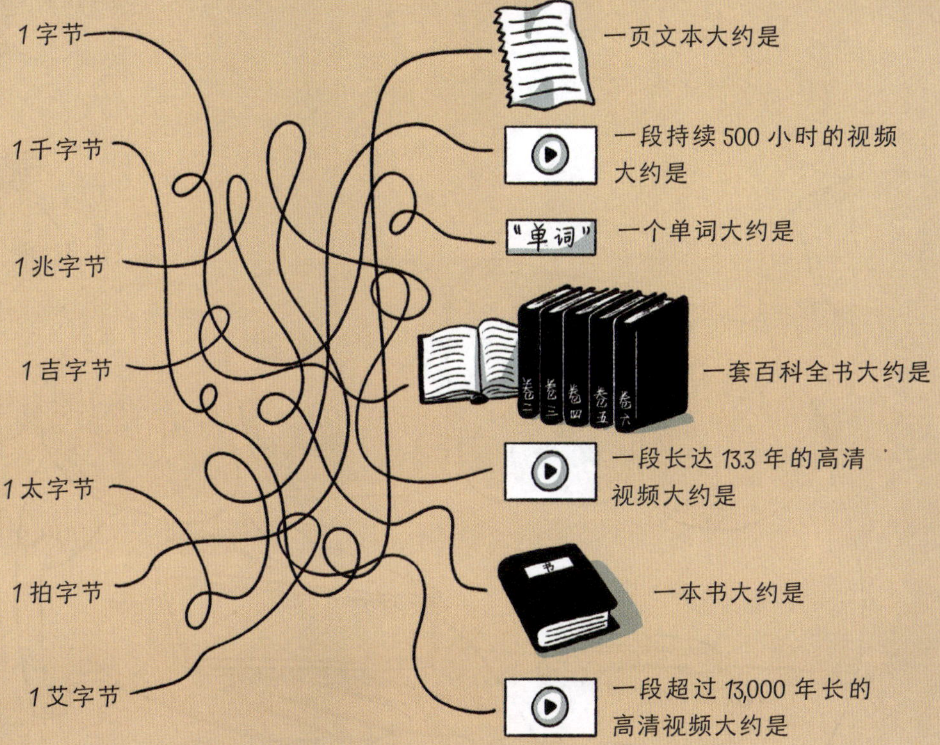

艾字节并不是数据量最大的！我们生活在大数据时代，艾字节之后，还有泽字节、尧字节……对于更大的数字，一些人正在考虑使用“雷字节”。“雷字节”在古希腊语中意味着“雷声”。你知道有一个以“雷”命名的动物吗？那就是雷龙！

你一进入数据中心，就看到满地都是灰色的小动物，它们正四处乱窜。它们黑色的眼睛看着你，同时它们尖尖的鼻子在空气中嗅着。你定睛一看，才发现此时你正面临着一场老鼠侵扰！

你害怕老鼠吗？

- 啊啊啊……是的！跑到第73页。
- 如果你不怕或者对这些老鼠持怀疑态度，请翻到第140页。

成为一天的“国王”感觉不错……

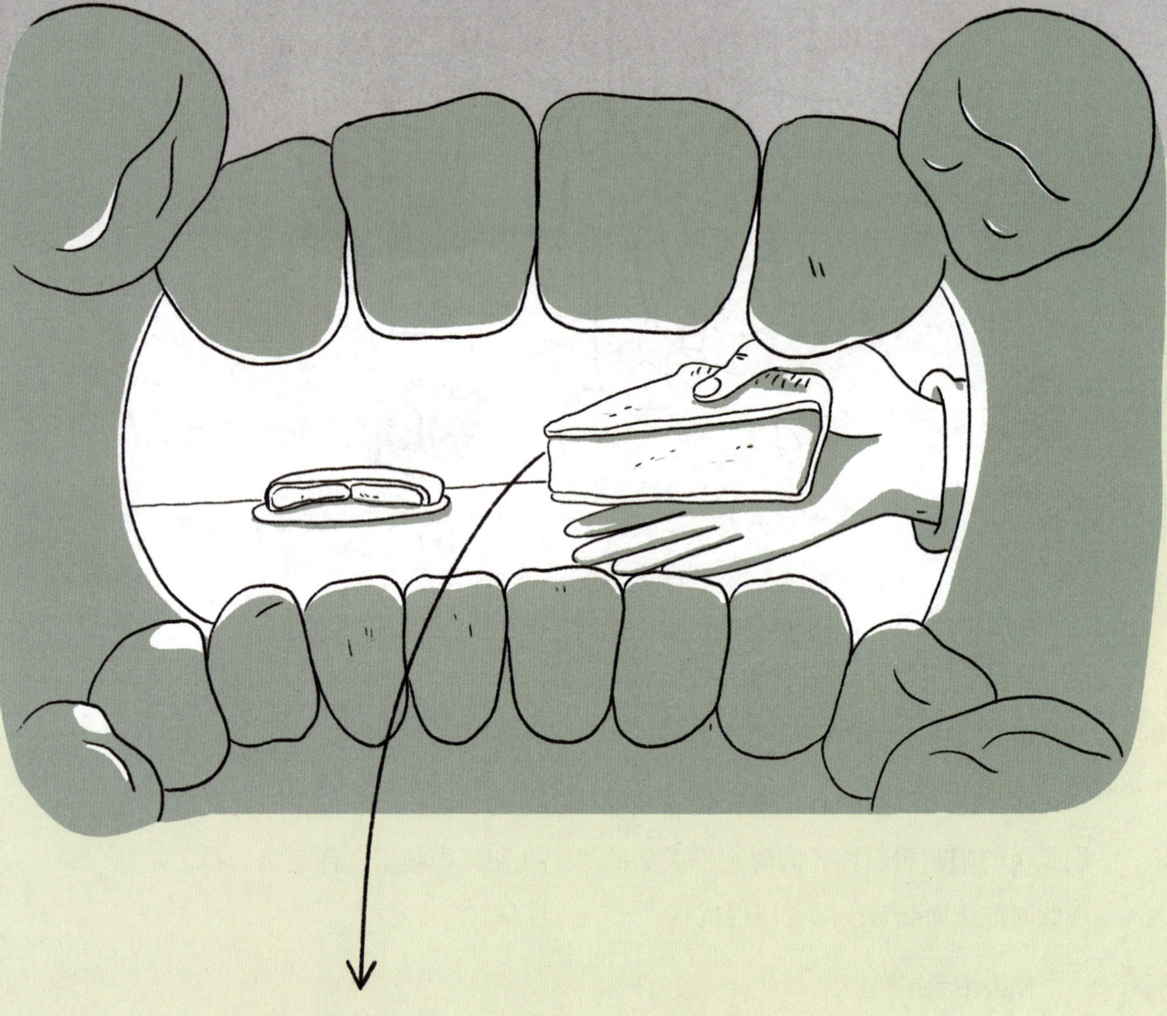

但你今天运气不佳。你手里只剩下一些面包屑，没吃到豆子。回到第59页再选一次吧。

“哦！它绝对是巨型机器！”你惊叹道，凝视着将你与你所见过的最大、最复杂的人造物隔开的蓝色栏杆。你需要不断地上下左右转着头看，才能看清这个令人印象深刻的庞然大物。

你感觉自己仿佛置身于一部科幻电影的场景中：电线、电缆、管道和闪亮的外表形成了一个巨大而充满高科技感的“花朵”。发挥一点儿想象力，你可以把它看成是一朵巨大的雏菊。

玛塔指着“花”的中心告诉你，当探测器在运行时，这就是质子进入探测器的位置。这些**“花瓣”**用来检测一些被称为缪子的粒子，实验室中的缪子是从质子和质子的碰撞中产生的。

奇妙的CERN

ATLAS：最大的探测器

ATLAS（大型强子对撞机上的环形仪器：A Toroidal LHC ApparatuS ）探测器是人类有史以来建造的最大的探测器。它比两节火车车厢加在一起还要长（46 米），比 5 只长颈鹿叠在一起还要高（25 米），重量相当于 1,400 头非洲象（7,000 吨）。建造它人们花了十多年的时间。

翻到下一页，深入了解ATLAS的内部。

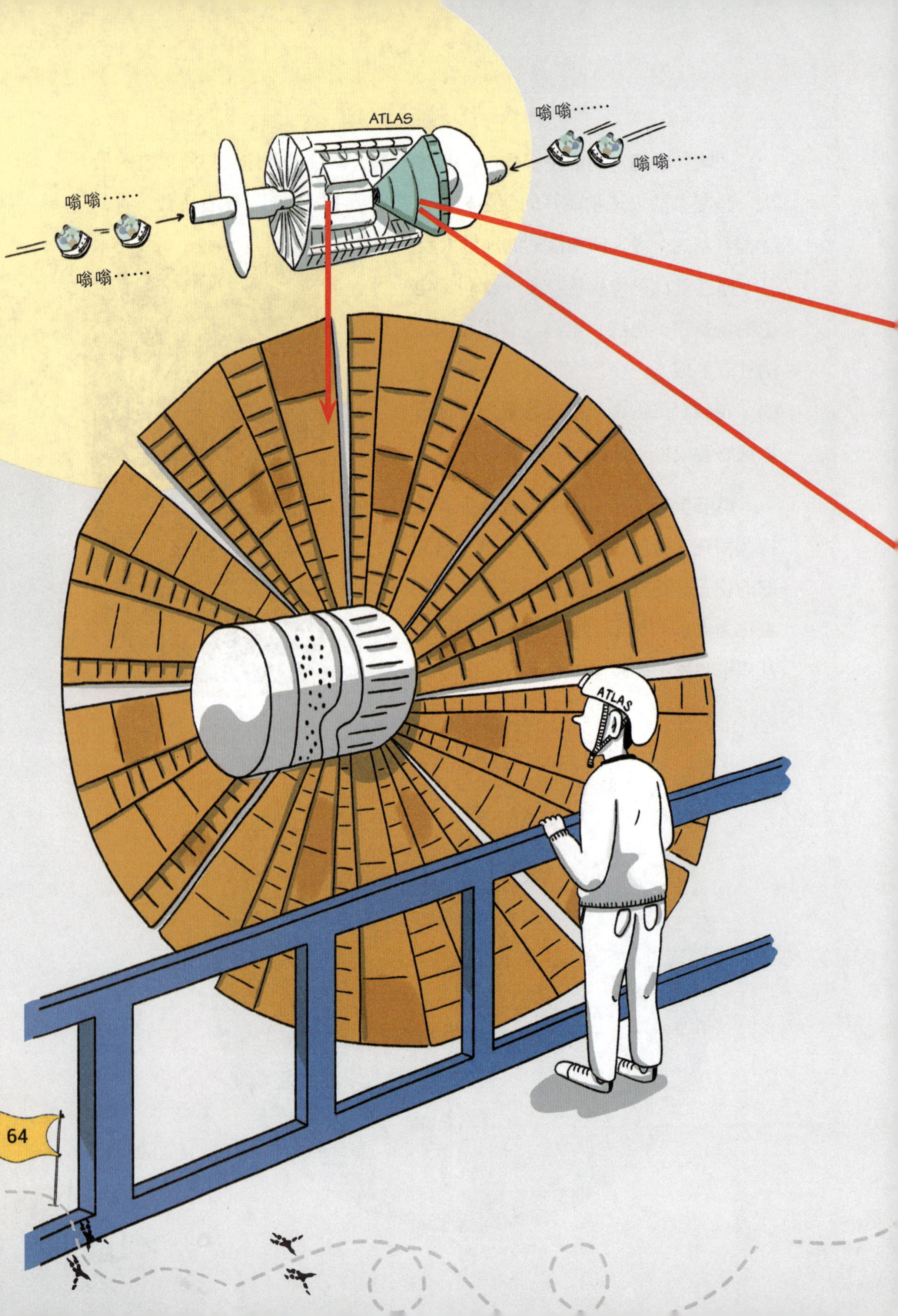
ATLAS
嗡嗡……
嗡嗡……
嗡嗡……
嗡嗡……
ATLAS

一群来自左侧的质子和另一群来自右侧的质子在ATLAS探测器中心发生碰撞，产生了一阵粒子雨。

奇妙的CERN

径迹探测

探测器内的碰撞产生了许多不同的粒子。我们如何将它们彼此区分开？粒子很小，但并不是都一样。

就像我们可以通过足迹来识别动物一样，物理学家通过它们在探测器内留下的径迹来区分不同粒子。

翻页，检查不同类型的足迹。

小测验

哪个是正确的足迹？

你能认出三角龙的足迹吗？

（答案在第 154 页）

玛塔解释说ATLAS实验和CMS实验的研究人员在2012年证明了一种被称为希格斯玻色子的新粒子的存在。一年后，两位预测了这种粒子存在的物理学家获得了诺贝尔物理学奖，参与ATLAS实验和CMS实验的其他科学家们也被提及。

“希格斯玻色子看起来像什么？”你问。

“实际上，我们还不能直接拍到这种粒子的照片。没有探测器可以做到！希格斯玻色子的存在时间是短暂的，它一出现，立即就会变化。”玛塔解释道，“例如，它可以转变成两个光子，也就是构成光的粒子。”

捕捉希格斯玻色子

希格斯玻色子对于我们理解为什么一些粒子具有质量非常重要。如果粒子没有质量，它们将以光速在宇宙中运动。因此，如果没有希格斯玻色子，就不会有任何原子、分子，更不用说人类的存在了！

粒子数独 游戏

玩一下“粒子数独”休息一下吧。你要在空格里填入粒子的图像，使得每列、每行和每个小网格中每种类型的粒子都只有一个。

这里的粒子有：光子、电子、希格斯玻色子、缪子、质子和人们假想的暗物质粒子。你可以画出它们，或者利用本书最后一页的图形来玩这个游戏。

注意：粒子实际上并不长这样……但是，我们为它们增加一点儿颜色和想象不是很好吗？

哪个粒子进入红色圆圈？

（a）希格斯玻色子

（b）光子

（c）质子

（如果你真的没有思路，偷看一下第154页的解决方案吧。）

当你完成数独后，翻到下一页。

当你离开ATLAS探测器时，你看到一只猫凶猛地向奇皮冲去。这是你见过的跑得最快的猫，它奔跑的样子就像是脚下有溜冰鞋一样！

“薛迪！不要追那只可怜的小鸟！”玛塔喊道。但这只猫不予理会，它的动物本能支配着它。

这只猫的名字是受到一位著名的物理学家的启发，他名叫埃尔温·薛定谔（1887—1961）。他以一个涉及猫的思想实验而闻名于世。这是一个你可以思考，但无法真正实践的实验。

科学小贴士

既死又活的猫的悖论

埃尔温·薛定谔提出的最著名的一个概念——一种佯谬——关于一只既死又活的猫。动动你的大脑，因为我保证这会是你今天听到的最奇怪的事情。

这个佯谬说，如果一只猫和一种放射性物质被放置在同一个盒子里一小时，放射性物质杀死猫的概率是 50%。但如果你不打开盒子，你就不会知道里面发生了什么。根据常识，盒子里的猫要么是活的要么是死的。然而，你也可能认为这只猫处于一种僵尸状态：既死又活。只有当你打开盒子看，你才能确定那只猫是活的还是死的。

薛定谔本人认为这个思想实验是疯狂和荒谬的。每个人都知道猫不能同时死去和活着。这个佯谬表明，大型物体，如动物，与微观粒子的行为方式不同。在粒子世界中会发生非常奇怪的事情，但常识和粒子物理学并不总是匹配的……例如，粒子同时存在于两个地方是正常的，并且具有双重性质。只有当你观察和测量粒子时，它们才会占据一个确定的位置。

薛定谔教授因猫而出名，所以我期待一顿丰盛的餐食，用肥美的老鼠、新鲜的鱼和美味的鸟制作的美食。
这是什么玩意儿？说真的，薛定谔教授对猫有什么意见？
他为什么没有选择一只被跳蚤咬伤的狗进行这个思想实验？那才是自相矛盾的！
他为什么选择一只猫进行这个愚蠢的实验？
?
喵！

翻到下一页。

玛塔看着你，解释道："对不起，我们试过驯服这只猫，但它不可救药。它是一只流浪猫……算是我们收养了它。"

奇皮竭尽全力地逃跑，但薛迪一直追在它后面。

"哦，也许它们只是在玩耍。"你试图缓和局势，希望你的宠物没事。

玛塔以一些关于物理学的未解之谜的评论结束了这次旅行，整个团队都为她鼓掌。这项活动比你预期的还要有趣。现在你的脑海中充满了关于粒子、暗物质和反物质的想象。

当你摘下安全头盔，调整它时，你又想起了奇皮。你转过身，但没有看到它的任何迹象，猫也消失了。

"奇皮，你去哪儿了？"你大声呼唤它。

你不想放弃你的宠物，但是你如何在这个陌生的地方找到奇皮呢？继续阅读以找到答案。

很好的选择！翻到第144页。

你走进了沿路看到的第一幢建筑，建筑上写着“创意广场”。

奇皮知道它不应该进入任何建筑，但它在逃避薛迪追赶时可能会飞进去。

你四处看了看。这个地方有很多小会议室，但都没有奇皮和薛迪的任何迹象。如果奇皮不在这儿，那它一定飞得更远了。

CERN是一个相当大的地方。你打算怎么找呢？巧合的是，你在街角发现了一种不寻常的交通工具。上面提示是：“紧急情况下使用。”

“哦，我太幸运了！有人为我在这里停了一辆双层巴士！”你大声说道。

你决定开车去CERN最高的建筑，在那里你可能会看到奇皮。

你直接前往建筑的最高层，那儿有一个屋顶露台。幸运的是，有人留下了一扇开着的门，所以你很容易进入露台。在这里，可以很好地俯瞰园区。

你在第11页选择的工具现在可能会派上用场。

- 如果你选择了一袋杂货，请翻到第76页。
- 如果你选择了一袋鸟食，请翻到第92页。
- 如果你选择了双筒望远镜，请翻到第31页。

没时间可以浪费了，解决这个问题只有一个方法：找到解锁维塔利教授笔记本电脑的密码，阻止一场潜在灾难的发生。

你冲向CERN控制中心。它位于法国的普雷维辛村，距离CERN主园区不到10分钟车程。

你在第44页选择了CERN控制中心的操作员作为你的帮手了吗？

- 如果是，翻开这一页的顶角。
- 如果不是，翻开对面页的顶角。

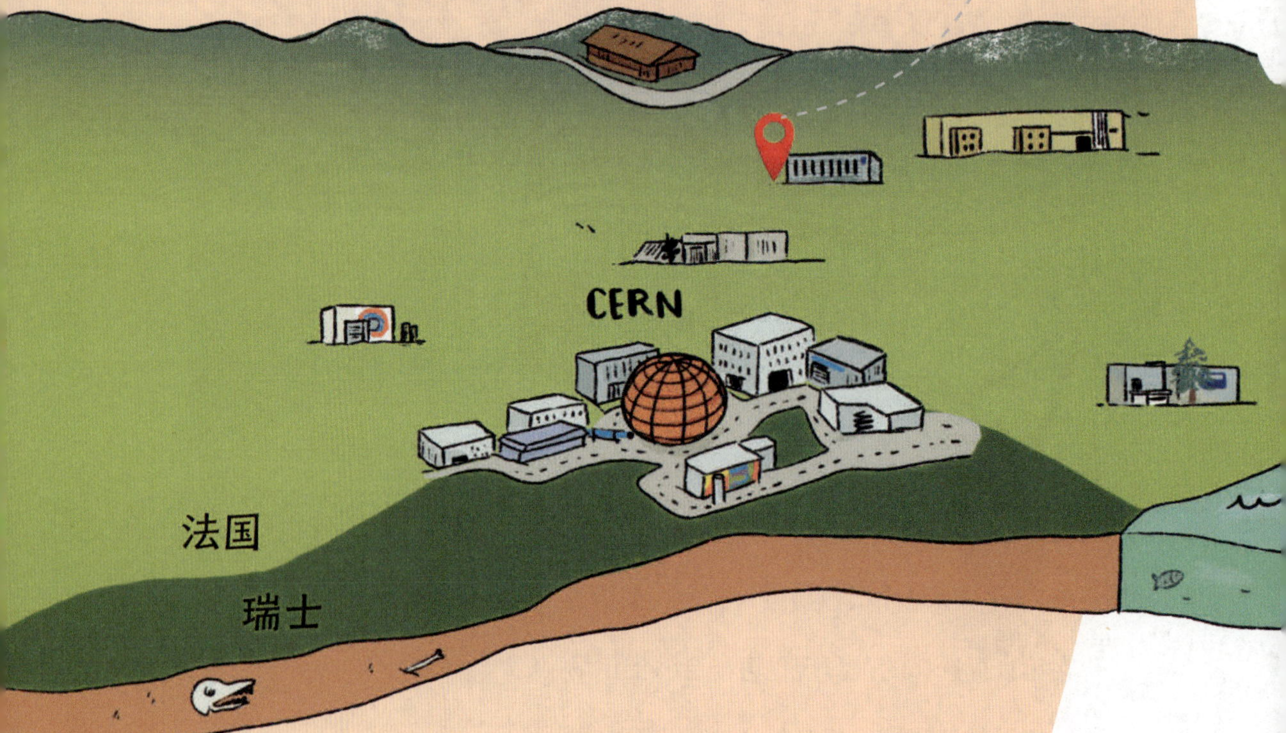

吱吱叫的老鼠简直是你的噩梦。你最好尽可能地快速逃跑。

你看见老鼠，逃跑时表情很惊恐，请完成人脸绘画并涂上颜色。

我害怕声音大的家电，像吸尘器、破壁机，还有爆裂的气球、兽医、黄瓜，但比这些更可怕的是狗!!!

这真是遗憾，你的任务在这里结束了。事实上，这些并不是真正的老鼠。翻到第140页，找出它们来自哪儿，尝试完成这个任务。

对不起，狗和爱因斯坦都不能帮助你；只有CERN控制中心的操作员可以翻到另一页的顶角。

它不仅仅是具有磁性……LHC磁铁还有其他超级特性：它们依赖超导性在超低温下工作。这是最高级的！

科学小贴士

超级科学

你有没有感觉到，当你长时间使用像吸尘器这样的电器时，它们会变热？这主要是因为电阻。发热意味着电能没有完全转化为机械能，电能会以热量的形式损失一部分。超导材料就要好得多！它们是最令人兴奋的发现之一，因为它们没有电阻。

但问题在于，它们只有在非常低的温度下才具有超导性；当温度稍微升高一点儿，这种性能就会消失。顺便说一下，如果你能研制出在日常温度下工作的超导体（这样我们就可以在日常物品中使用它们），你不仅会出名，还能彻底改变全人类使用能源的方式。

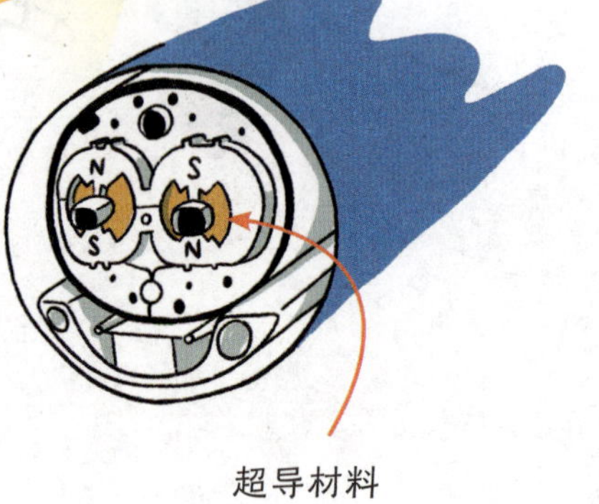

超导材料

奇妙的CERN

世界上最大的“超级冷冻机”

你家冰箱的冷藏层会将牛奶保持在 0℃—5℃（摄氏度），等于 32°F—41°F（华氏度），冰箱的冷冻柜能将冰激凌冻到令人牙齿打战的 -20℃（-4°F）。然而，这些温度与运行 LHC 的磁铁所需的 -271℃（-456° F）相比，根本算不了什么！它比外太空还要寒冷。所以，你可以说 LHC 是世界上最大的“超级冷冻机”。

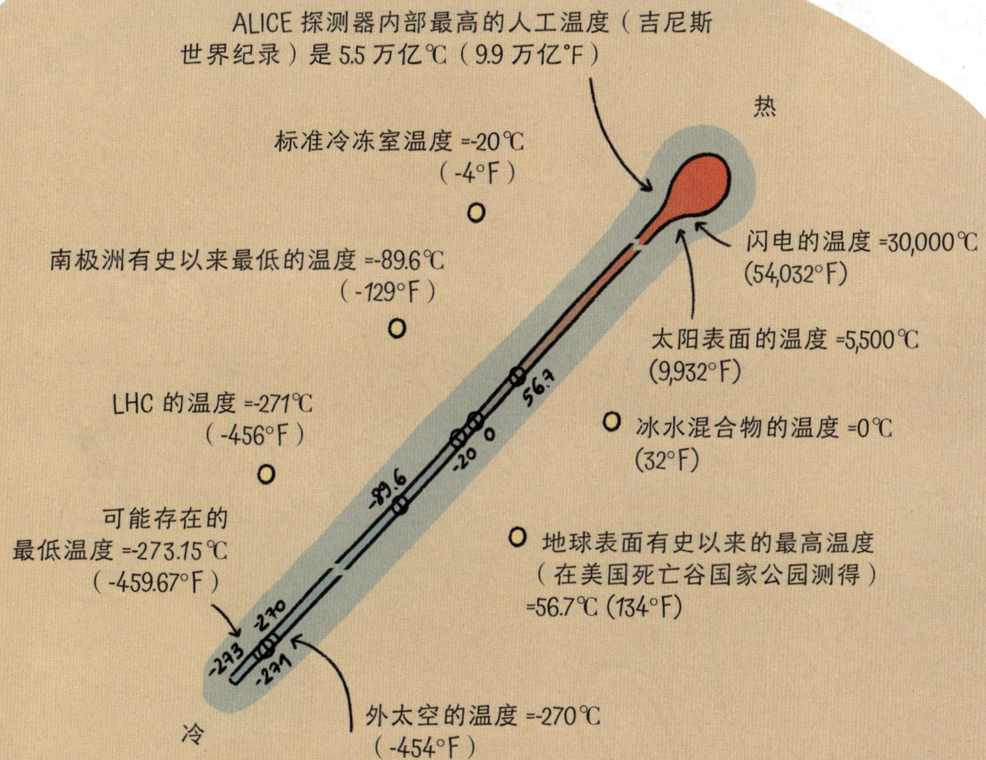

比太阳更热，比外太空更冷

游戏

用直线将这些跟着文字描述的小黄圈与温度计上对应的温度相连。这些线条将形成一个 3 位数字，它就是你要翻到的页码。

（需要帮助？翻到第 152 页）

在这里奇皮应该能看到你，你决定想个方法引起它的注意。

“如果我看不见奇皮，至少奇皮会看见我。”你推测道。但是怎么做呢？制造一场火山爆发怎么样？

真是太巧了，你选的袋子里有你需要的所有材料。

小测验

你会用哪些材料制造出看起来像火山喷发时的红色岩浆？

圈出它们。（提示：你需要 5 个物品）

（在第 154 页上检查你是否挑选出了正确的物品）

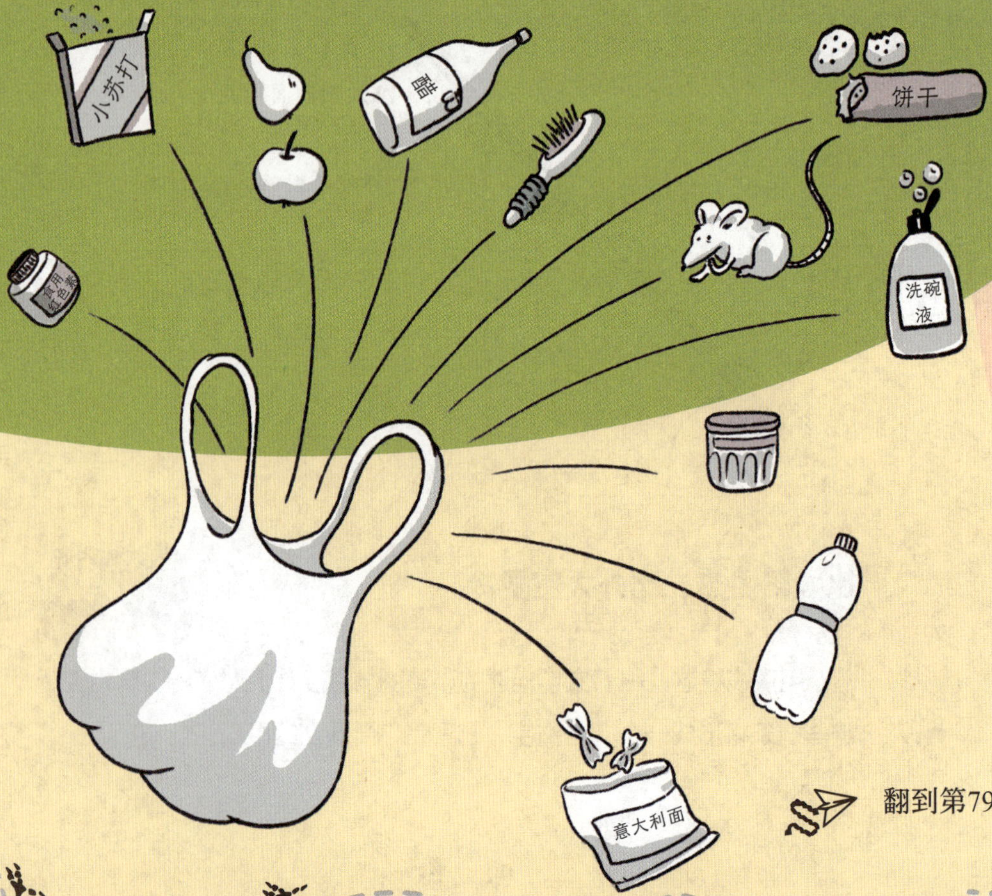

翻到第79页。

给你一杯水会帮到你吗？如果你把它放在箭头标志前，会发生什么？

- 箭头的方向会发生翻转。翻到第25页。
- 什么也没有发生。你宁愿喝掉它，因为从这里到ATLAS探测器还有很长一段路。翻到第52页。
- 箭头看起来更小了，这是无意义的。最好把水泼到黑臭先生的脸上。继续阅读下去。

黑臭先生轻松地避开了，只有几滴水溅到了他。他愤怒至极，跑向ATLAS探测器，你在他前面得到密码的剩余字母是没有希望的。不要绝望，你可以考虑这杯水的另一种用途。回到这页的顶部，选择第一个或第二个选项。

你一打开办公室的门，一群学生就从你面前跑过去，喊道：**“恐龙的牙齿像刀一样锋利。快逃命吧！”**然后一只鸟朝着相反的方向疾飞而过，你猜是谁在追它？没错，是薛迪，它喜欢在园区里追逐各种猎物。

“今天是怎么了？大家都疯了吗？”你喃喃自语，“学生们没有正经事做吗？我们什么时候允许动物进入室内了？这不再是一个实验室，而是一个丛林！”

你回到桌子前，试图集中精神。你需要浏览存储在维塔利教授笔记本电脑上的数据，他刚过世不久，你非常怀念与他进行的深度讨论和共同度过的漫长时光，浏览他的电脑总是让你一边回忆过去那些美好时光，一边又感到悲伤。擦干眼泪，你注意到了一些异样，电脑没有响应，你无法打开任何文件。几秒钟的震惊之后，屏幕上弹出一条消息：

<u>**安全警告！**</u>

怀疑是黑客攻击！

若要继续浏览请输入密码：

黑客闯入别人的计算机，通常是要窃取信息。现在的情况非常糟糕。

翻到第139页。

你往瓶子里灌满温水，然后加入6滴洗碗液、1滴食用红色素和两汤匙小苏打。

“这是我最喜欢的部分了！”你慢慢地向瓶子里倒醋，然后……你大喊一声：“到火山喷发的时间了！”

科学小贴士

火山喷发时间

小苏打和醋发生化学反应会产生二氧化碳气体。气体不断增加，压力增大，直到混合物喷出。这些被喷发出来的“岩浆”是洗碗液产生的泡沫。

这次喷发成功让你非常满意，但是“岩浆”像雨点一样落在了下方的路人身上。这是一场灾难。他们非常生气，你需要花很多时间向他们道歉并解释情况。所以，这不是一个好主意。尝试使用不同的工具。你可以在第 31 页找到一副双筒望远镜，或者在第 92 页找到一袋鸟食。

⑤击掌：你的质子刚刚通过了加速腔（射频腔），并且获得了很好的推动效果。太棒了！前进3步！

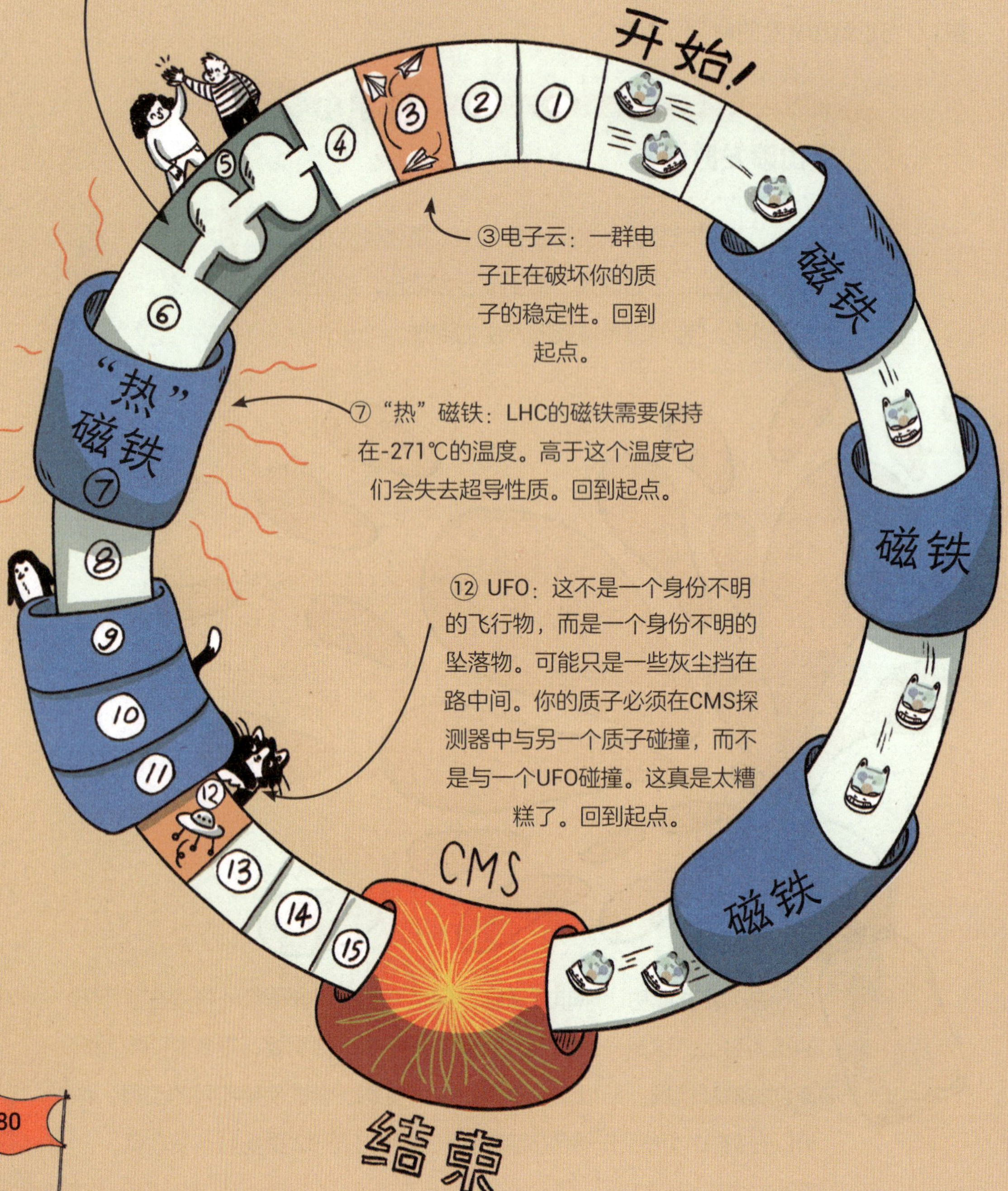

③电子云：一群电子正在破坏你的质子的稳定性。回到起点。

⑦“热”磁铁：LHC的磁铁需要保持在-271℃的温度。高于这个温度它们会失去超导性质。回到起点。

⑫ UFO：这不是一个身份不明的飞行物，而是一个身份不明的坠落物。可能只是一些灰尘挡在路中间。你的质子必须在CMS探测器中与另一个质子碰撞，而不是与一个UFO碰撞。这真是太糟糕了。回到起点。

碰撞挑战

游戏

现在你安全了，你可以玩这个特殊的棋盘游戏了。

你的棋子是一个质子，它急于闯入 CMS 探测器内发生碰撞。这将是一个幸运的碰撞，会产生一个希格斯玻色子！你能感觉到它！

你的目标是将你的质子从起点逆时针移动到碰撞点（终点）。

掷一枚“硬币”。

从本书最后一页剪下一个质子。

- 如果你得到图案面，质子移动 1 格。
- 如果你得到数字面，质子移动 2 格。

挑战：你的质子能在少于 11 次抛掷的情况下到达 CMS 探测器吗？你也可以与你的朋友比赛，看谁的质子先到达终点。

继续冒险，翻到第23页。

现在玛塔继续陪同你和团队的其他人前往CERN的第一个**加速器**——同步回旋加速器。哇，听起来像是一个绕口令，不是吗？这台机器在CERN的历史上曾是掌上明珠。

同步回旋加速器建于1957年，安装在一栋建筑内。与周长27千米的LHC相比，它非常小。现在它不再被人们使用了，但它仍然令人印象深刻。在这台机器内部，带电粒子不断地“飞行”在圆形路径上。

“作为本次参观的最后亮点，我将带你去ATLAS探测器。由于今天

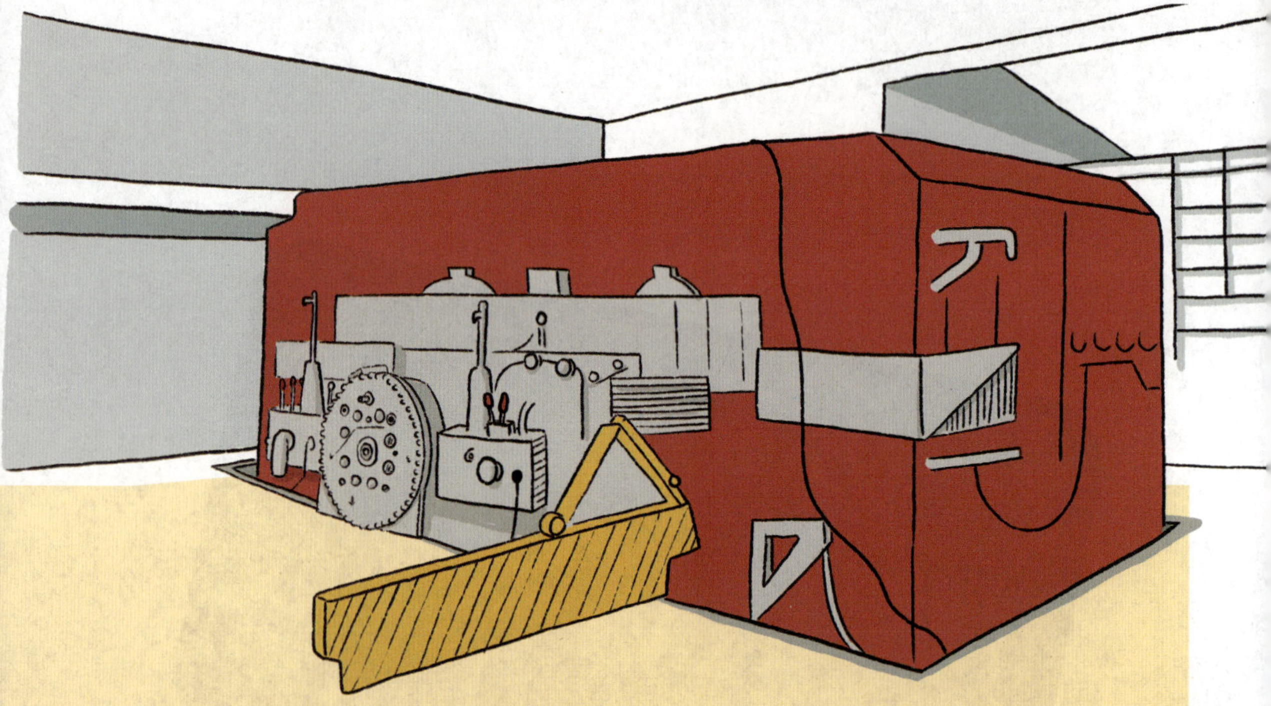

LHC加速器内部没有粒子运行，所以今天可以参观。”玛塔继续说道。

你准备好探索位于地下近100米处的ATLAS探测器的混凝土洞穴了吗？

翻到第63页。

游戏

找到入侵者

专注和对细节的关注对研究人员来说是两项宝贵的能力。这是一个测试你视觉敏锐性的游戏。在这些图形中找到3个入侵者。

（答案在第158页）

讲座结束后，你继续和洛里斯一起参观CERN，你睁大眼睛探索着周围的一切。

你发现在这儿工作的人大多数不是物理学家，而是工程师和技术员。洛里斯还向你介绍了一些专注于工作的计算机科学家。这么多来自世界各地的人聚集在CERN，真是令你印象深刻。你知道吗？每年有超过10,000人来到CERN工作，有的参与大型实验，有的参与小型实验，还有一些人负责维护地球上最大、最强的粒子加速器——LHC。

在你的印象中，研究人员是穿着白色的实验服，头发狂乱飞扬的形象。你惊讶地发现这里的情况并非如此：在CERN没有人穿实验服，大多数人的头发都很整齐。

翻到下一页。

你买了一件印有粒子碰撞图案的毛衣，在一根蓝色的管子前拍照。这是一根磁铁，就像LHC加速器的蓝色磁铁一样。你答应你的朋友们会拍很多很酷的照片带回去给他们看，这是CERN最热门的拍照地点之一。薛迪不想承认，它也喜欢出现在照片中。

在下图人脸上画出快乐的表情，并画上你最喜欢的发型，涂上颜色。

如果你想知道LHC蓝色的磁铁内部有什么，请查看第159页的奖励材料。一个甜蜜的惊喜在等着你。

一旦你完成了，翻到第56页。

现在问题是：密码藏在哪儿？

幸运的是，你看到一位工程师走了过来。

“不要妄想举报，否则我……”黑客说。这次他的嘴巴张得太久，“毁灭性”地攻击你。

“好，好，好！”你想让他把嘴巴闭上，所以他闭嘴了。

“嘿！我没见过你。”工程师说，“你们都是新加入ALICE实验的物理学家吗？”

“不。”你回答，但黑臭先生用力拉了拉你。

“哦，是的，是的。”你很快纠正自己。

“太好了！欢迎，很高兴见到你们！有任何问题都可以问我，不用客气！”工程师非常友好地给你们提供帮助。

“实际上，我们在找一封信，你知道……”你尽量表现得不那么紧张。

“啊！”工程师惊讶地叫道，“谣言在这里传得很快。有人对别人说，有人把一封信藏在了这些杂乱的电线里。但这只是个谣言。”工程师耸了耸肩，没有表现出太多兴趣。“对不起，我刚想起来我有个会议，我得走了。回头见！”

游戏

杂乱的电线

跟随箭头走。电线的形状会显示出一个字母。在黑客找到之前，尽快找到这个字母。然后快速跑到第 48 页。

（答案在第 153 页）

奇妙的CERN

LHCb 探测器是为了研究含有底夸克，即“美夸克”的粒子而建造的，并由其名字中的字母“b”表示。LHCb 探测器，也是大型强子对撞机美夸克实验。它长 21 米（像一节火车车厢），高 10 米（像两只长颈鹿叠在一起），重 5,600 吨（大约是 1,120 头非洲象的重量）。

在这个探测器中，物理学家发现了奇异粒子的痕迹。当你想到奇异的、异域的，你的脑海中可能会浮现出一些热带海滩或雨林。但这儿的奇异并不是那种意思……

之所以称这些短命的粒子奇异，是因为它们由 4 个或 5 个夸克组成。在我们的宇宙中，夸克和反夸克喜欢成对或 3 个一组，不会有更多个的组合。例如，普通物质的原子核是由质子和中子组成的，每个质子和中子都有 3 个夸克。这些奇异粒子却有不止 3 个夸克。因此，令人兴奋的是，LHC 能够在短时间内重新创造出来那些在宇宙之初存在过，但现在已经不存在的粒子。

洛里斯的同事——莱塞迪，在LHCb实验建筑的入口处等你。在走去电梯的路上，她递给你一顶安全帽，并乐于向你解释LHCb探测器的所有信息。

电梯的速度非常快，你甚至还没反应过来，就到了一个巨大的、深入地下100米的洞穴中。

“哇！我从未见过这样的景象！”你兴奋地惊呼，“它是如何工作的？”你对LHCb探测器的景象感到惊讶。

游戏

LHCb探测器拼图

这是 LHCb 探测器的拼图，但一部分不见了。找对缺失的部分并拼合起来。相应的标签（从左到右阅读）将引导你进入下一段冒险旅程。

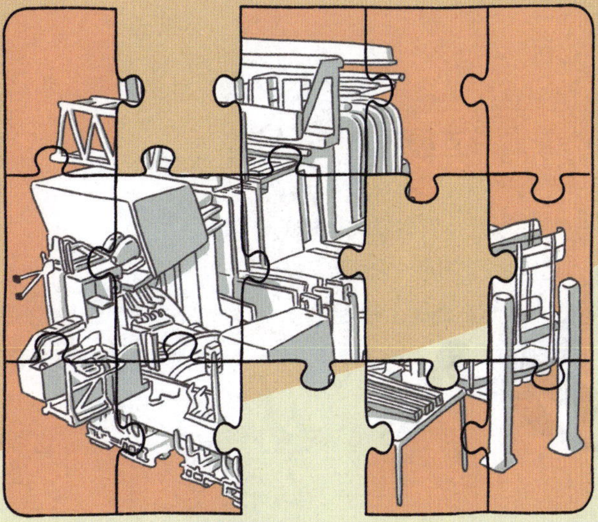

转到________。

（答案在第 157 页）

游戏 "恐龙词汇"中隐藏的含义

你能猜出每个恐龙名字背后的含义吗？每个恐龙名字下面的描述中都包含了一些线索，请你将恐龙名字与其相关词匹配在一起。

恐龙

一群生活在大约2亿2,500万至6,500万年前的中生代的爬行动物。

腕龙

这种植食恐龙长得像长颈鹿，它利用自己的身高去摄取树上的树叶。它的前肢比后肢长。

伶盗龙

一种敏捷的肉食动物。直到最近，古生物学家才发现它有羽毛。但是它的翅膀太小，飞不起来。

霸王龙

白垩纪时期的老大，地球上有史以来最大的陆地捕食者之一，不需要再额外介绍了吧。

梁龙

它的脖子很长，脑袋很小。尾部下方具有双梁状V形骨骼，这被视作其独有特征。

古老翼手龙

严格来说，它不是恐龙，是恐龙的近亲。它有像鸟一样的喙和巨大的翅膀。它既能飞行也能在地面上行走。

三角龙

这种相貌出众的植食恐龙以其骨质的颈盾、每只眼睛上方的长角和鼻子上的短角而闻名。这些都是它防御猎食者的利器。

蜥蜴

手臂

国王

可怕的

双

迅捷的

羽毛或翅膀

强盗

角状物

三

暴君

梁

（答案在第 157 页）

科学小贴士

侏罗山脉、侏罗纪和最长的蜥脚类恐龙足迹

尽管我们现在难以相信，但从 CERN 可以看到的侏罗山脉曾经是一片广阔的热带海滩，恐龙在这里漫游和嬉戏。那时候，该地区被一片温暖而浅的海覆盖着，一些小岛点缀其间。

在离 CERN 大约 50 千米的地方，人们发现了世界上最长的蜥脚类恐龙足迹。这个地方是迪诺普拉涅山脉，它以附近的村庄普拉涅为名。恐龙专家（古生物学家）将这个足迹命名为“普拉涅雷龙足迹”。这段 155 米长的足迹由 111 个脚印组成。

一只吃植物的，长 35 米、重 40 吨的长颈恐龙在大约 1.5 亿年前留下了这些足迹。根据脚印的形状，我们可以判断它当时以 4km/h 的速度行走，它的脚是圆形的，很大。

在长颈恐龙足迹不远处，有一只双足行走的三趾兽也留下了足迹。这种食肉动物比霸王龙体形小，但仍然令人印象深刻：它有 3 米高，9 米长。

恐龙的足迹是如何被保存数千万年的？这与恐龙死后需要尽快被地表覆盖的骨骼不同，它们的足迹需要被太阳烘烤变得坚硬才可以保存至今。

翻到第36页继续了解有关恐龙的趣事。

CERN控制中心总是以其所有计算机屏幕上显示的彩色线条、表格、图表和地图给你留下深刻印象。CERN控制中心的操作员要用这些信息判断粒子在**加速器**内部的运行情况。

每一个细节都被精心设计，多么迷人哪！

这些屏幕是做什么用的？

一部分计算机被用来监控粒子在加速器内运行得是否顺利。在 LHC 加速器内顺时针和逆时针飞行的质子需要在探测器内相互碰撞，这不是一项简单的任务，因为粒子非常非常小，而 LHC 非常非常长！这就像两个人从相距很远的地方瞄准对方，然后各自发射一颗绿豆，得让它们在中途碰撞上一样：这几乎是不可能的，除非你非常精确地调整它们的飞行路径。

你注意到那些香槟酒了吗？这些是大型探测器（ALICE、ATLAS、CMS 和 LHCb）和其他实验的研究人员带过来的礼物。他们感谢 CERN 控制中心的操作员，因为操作员将要对撞的粒子对准，才让一切成为可能。

这一瓶是你的研究团队送来的。在标签上写上或画出你要感谢的内容吧。

当你完成后，翻到第106页。

你的鸟食袋吸引了当地的很多鸟。

“我很高兴你们来了。我的鸟朋友失踪了，它叫奇皮，是一只可爱的鹦鹉，这是它的照片。”你向它们解释，打开手机向它们展示奇皮的照片。

“请你们帮我找找它，并把这个消息传播给你们的朋友。”你说。

“啾啾，啾啾。”鸟儿们兴奋地叫着的同时填饱了肚子。

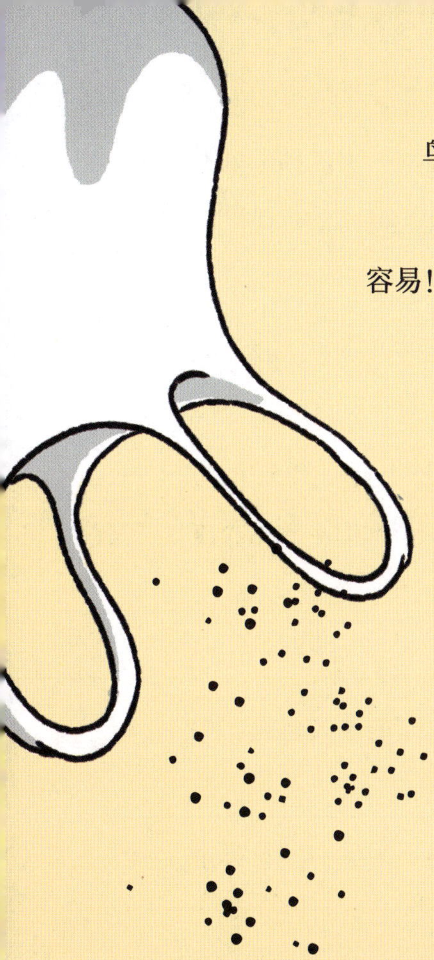

鸟儿们绕着建筑飞了一圈，然后带着一群朋友回来了。

“太好了，现在我有了一支大型搜索队。找到奇皮会更容易！”

你向所有的鸟儿重复了同样的话，并给它们看了奇皮的照片，但它们似乎对吃更感兴趣，而不是帮助你。

“请再试着找找奇皮。”你恳求道。

有美味鸟食的消息传播得很快，但关于奇皮的消息却没有。

过了一段时间，终于有一只乌鸦“有话要说”，并在你周围飞来飞去引起你的注意。

你问：“你看到奇皮了吗？”你感觉有希望。

“嘎——嘎——”乌鸦回答。这是肯定的意思。

“你注意到它红色的脸颊了吗？”你问。

“嘎——”乌鸦确认了。这意味着没有。

“哦，那也许不是奇皮。”你感到沮丧。

“我不能相信这些鸟儿。它们只吃东西，不帮忙。”你深深地思考着。现在鸟食袋快空了，最好选择另一个工具：在第76页有一袋杂货，或者在第31页有一副双筒望远镜。

这个女孩正在疯狂地敲击她的笔记本电脑的键盘，然后她突然合上屏幕，失望地摇了摇头。你注意到她电脑盖上的**蓝色CERN贴纸**。太棒了！她一定在CERN工作，你心想着。

“嘿！我的名字是……………………（填上你的名字）。我今天去参观CERN。你也要去那里吗？”你礼貌地问道。

“嘿，我叫玛塔。我在CERN工作，我还是那儿的导游。我陪同访客参观CERN并向他们介绍实验是如何进行的。我刚得知原本预定团体参观的我的一个朋友今天不来了。你能代替他吗？”她提议。

“真的？当然！我得感谢你！”你笑着说，眼睛都笑弯了。

“只有一件事。”玛塔指出，“你可爱的小鸟不能进入建筑，但它可以在户外自由飞翔。”

“我明白了。”你试探地说，“我的小可爱能享受到一些新鲜空气。是吧，奇皮？”

奇皮看起来不太认可，但它还是接受了。

氢气罐

是的，没错！

电车在CERN停下。你跟着玛塔，而奇皮在旗杆周围懒洋洋地飞着，旗杆上悬挂着支持和资助CERN研究的各国国旗。

一群人在接待处等待着，玛塔很高兴看到他们。“欢迎来到CERN！”她打着招呼，“我是你们今天的导游。请跟我来，一起去发现更多关于宇宙的秘密。”

玛塔首先介绍了在LHC内部运行的粒子来自哪里。“在CERN，我们拥有一些地球上最复杂的技术，但一切都始于一个普通的氢气罐。”

氢原子是一种非常简单的原子，大多数的氢原子只有一个电子和一个质子。

从氢原子中移除电子，质子会继续它们的旅程。

“这些质子飞得越来越快，直到它们到达巨大的LHC环，这是地球上最大的粒子**加速器**。在那里，它们几乎以光速飞行。”玛塔兴奋又充满感染力地讲解着。

“然后我们让它们相互碰撞。”她补充道，她说粒子碰撞，就好像是说地球上司空见惯的事情一样。

翻到下一页。

跟踪和碰撞 游戏

这是 CERN 加速器系统的示意图。你可以沿着从氢气罐出发的 4 个质子的碰撞路径走。两个质子在 CMS 探测器内碰撞，另外两个在 LHCb 探测器内碰撞。哪两条线显示了质子在 CMS 内碰撞的原始路径？

（a）黑色和绿色

（b）黑色和红色

（c）绿色和红色

（d）紫色和黑色

（答案在第 154 页）

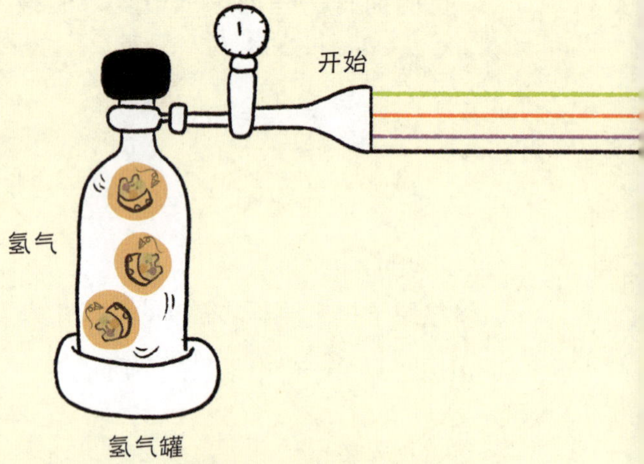

在眨眼间到达月球 小测验

要计算速度，你需要距离和走完该距离所需的时间。在 LHC 环中，质子以接近光速的速度运动，但你知道那有多快吗？如果你认为光速是……

（a）大约 300,000,000m/s，翻到这一页的顶角。

（b）大约 300,000m/s，翻到对页的顶角。

（提示：质子每秒在瑞士和法国的边境穿越大约 7 万次！以这样的速度，这些质子只需要一秒多一点儿的时间就能从地球到达月球，因为地球与月球之间的平均距离是 384,403 千米。）

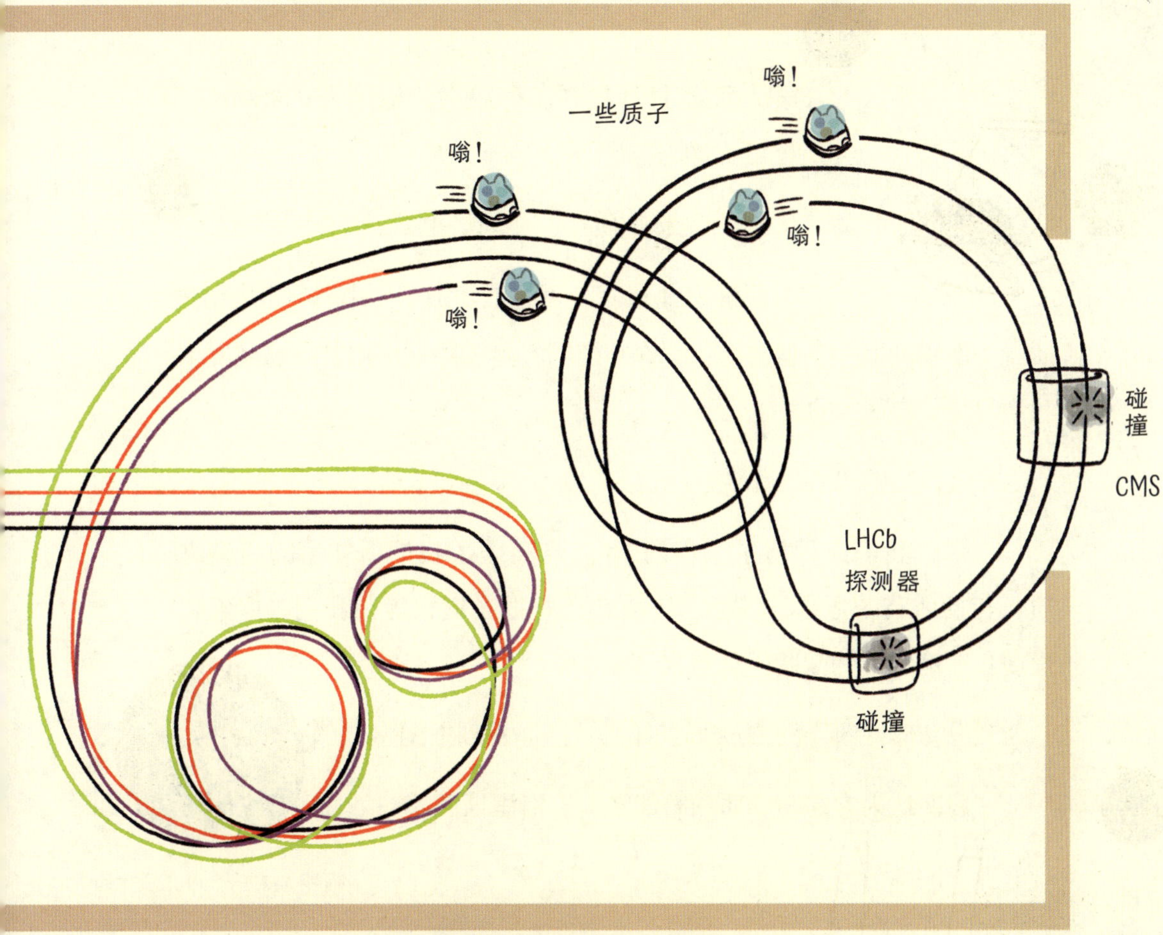

数字9很不错

游戏

找出所有能被 9 整除的数字，表格会告诉你接下来要翻到的页码。（需要帮助？那就翻到第 154 页。）

73	9	18	60	19	90	9	45	63
18	33	19	54	37	63	75	26	47
22	53	37	27	15	36	61	89	55
12	55	86	36	28	18	54	63	90
93	89	45	43	37	72	11	78	9
58	72	29	82	53	9	66	58	63
27	66	77	98	74	81	59	44	54
36	90	81	9	43	27	45	9	18

第一张幻灯片投在了屏幕上，标题为“暗物质，物理学上的新发现”。

“什么是暗物质？”你问洛里斯。

“我们还不确定，但我们知道宇宙中有非常多暗物质。”洛里斯回答。他透露：“你知道吗？是暗物质那层神秘感激发了我学习粒子物理学的兴趣。”

“哦，真的吗？”你说。

“嗯，我们只理解了宇宙的5%。这涵盖了我们所知道的所有物质，包括所有的恒星、星系。你看，还有很多奥秘等待我们去探索和发现！”洛里斯的眼睛闪烁着光芒。

“只有5%？那剩下的95%是什么？”你感到很困惑。

暗物质粒子(可能是？)

“我们认为它是暗物质和暗能量。”洛里斯回答。

“嘿嘿……这听起来让人汗毛直竖。”你呵呵笑着说。

“我们还没能捕捉到暗物质，但我喜欢那种科学突破近在眼前的感觉。”洛里斯正要向你解释他所知道的关于这个话题的所有知识，而你却有一连串的问题渴望提问，但讲座开始了，大房间里一下变得寂静了。

现在前往第83页。

这个年轻人将告诉你一些重要的事情。如果你不去，你的旅程就结束了。翻转另一页的页角。

太好了！现在你可以骑自行车去LHCb探测器了，但你有没有想过这种简单的交通工具是怎么工作的？它背后也有一些物理知识。

科学小贴士

自行车的科学：自行车如何保持平衡？

第一种理论是陀螺效应，当自行车车轮以轴为中心持续旋转一会儿，它就会发生。这种现象，你也可以在垂直滚动的硬币或旋转的陀螺上看见。第二种理论涉及骑手对车把进行微小的左右转向，这样可帮助他们保持平衡。

但如果没人骑在自行车上呢？想象一下，给自行车一个恰到好处的推动力。不要太快，只要它的速度刚刚够，自行车可能会不倾斜地保持平衡运行几米。传统上，陀螺效应被用来解释这种现象。令人惊讶的是，在2011年，一些研究人员制造了一辆特殊的无人驾驶自行车，没有任何陀螺效应，但它仍然能够自我保持平衡。研究人员展示了一些其他信息，如质量分布和自行车的设计，这些设计相当复杂，但对其稳定性做出了贡献。

现在，踩下自行车踏板骑到第86页。

当天傍晚，你在栗子树下休息，写了一堆明信片给你的朋友和家人，树下有一个长120米的长椅。当地人称这些树是：la Marronnier de la Treille（栗子树）[1]。他们还说树下这条长椅是世界上最长的木制长椅。

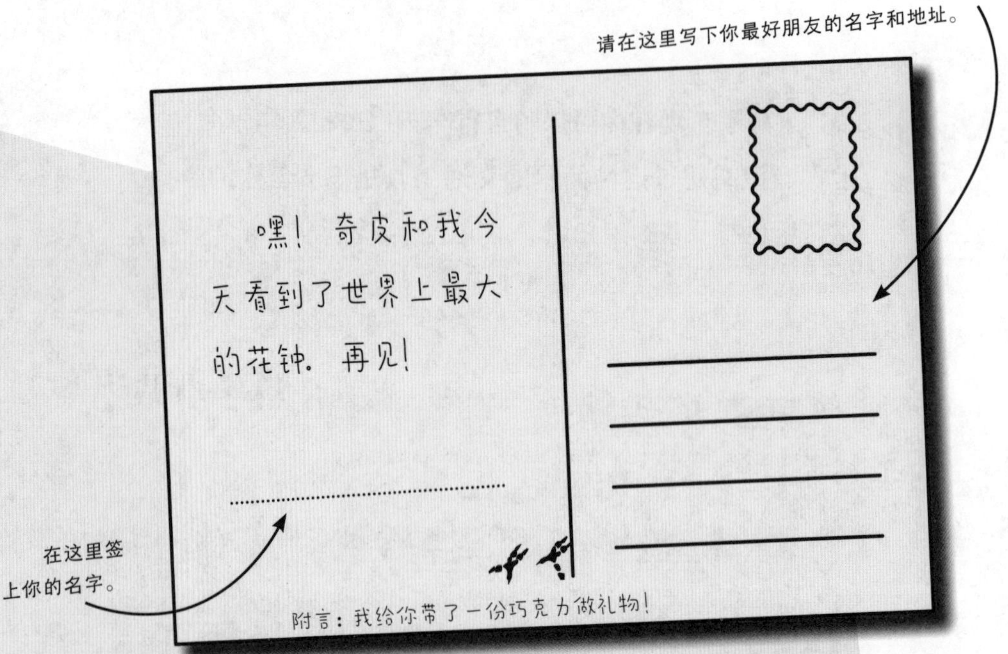

请在这里写下你最好朋友的名字和地址。
嘿！奇皮和我今天看到了世界上最大的花钟。再见！
在这里签上你的名字。
附言：我给你带了一份巧克力做礼物！

在享用了一顿有拉克莱特奶酪和土豆的大餐后，你决定去散步，以消化晚餐和那些过多的卡路里。你走着走着就到了日内瓦的中心，最后来到了一个充满欢乐气氛的公园的大门前。门口的标牌上写着“堡垒公园”。

“奇皮，我们要在这个公园里散步吗？”你问你的羽毛朋友。

“叽叽，叽叽。”这是奇皮肯定的回应。

“太好了，我们走吧！”你说。

在绿树成荫的小径的右侧，你注意到一面墙上有4座庄严的雕像，这是“改革者墙”，日内瓦另一个著名的观光景点。

1 La Treille是日内瓦城市中的一个地名，音译为特雷耶。这个地方的栗子树跟日内瓦当地的一个传统有关，有一棵栗子树是官方选定并定期观测的，每年树上第一个花苞开放的时候就标志着当地的春天来了。

“我们在这里自拍吧！”你对奇皮说。

雕像高5米，但奇皮更喜欢从下面看它们。你知道它恐高，这就是为什么它飞不过你头顶一米。

在小径的尽头，你遇到了一群人，他们站在一个巨大的棋盘前面，棋盘上摆放着塑料棋子。

“你想和我下一盘国际象棋吗？”一个看起来像学生的年轻人问你。

你怎么回答？

- 你回答：“是的，我很愿意。”——翻开这一页的顶角。
- 你回答：“不，谢谢。天色已晚……”——翻开对页的顶角。

当然，你接受了。你要下棋。翻到第120页。

你朝着2号建筑走，去和你的团队会合。好吧，这说起来容易，走起来难！这个地方像一座迷宫，长长的走廊上贴满已经召开和将会召开的物理会议海报。到处都是办公室、桌子和研究人员。你很好奇他们正在或计划研究什么内容。

建筑物的编号似乎没有遵循任何规律。你从 33号建筑 开始走，然后穿过5号建筑，不知不觉间，你就到4号建筑了，它连接了53号建筑和58号建筑。你猜测着是否有人曾经在这里迷路甚至失踪。如果之前没有这种事发生，你希望自己别是那“第一人”。

你能找到路吗？如果你迷路了，请查看第 155 页。

你松了一口气，看到 2号建筑 就在52号建筑后面，一个看起来友善的年轻人正朝你走来。

“嘿！你一定是..........................（写上你的名字），对吧？”他问。

“是的。”你高兴地点头。

“我叫洛里斯。恭喜你赢得了学校的科学竞赛！”洛里斯面带微笑地说。

“谢谢！”你回答。

“我将是你在这儿的伙伴。首先，我会带你参观，让你熟悉这里。如果你有任何问题，请随时问我，我会尽力回答。”洛里斯说。

当你和洛里斯一起漫步在CERN时，有一件事让你赞叹不已，那就是这里的道路是以历史上伟大的科学家的名字命名的，比如玛丽•居里。

科学小贴士

玛丽•居里是谁？

玛丽·居里（1867—1934）是第一个获得两项诺贝尔奖的人，一项在化学领域，一项在物理学领域。她研究了钍和铀的放射性，并发现了放射性物质，例如钋和镭。

她与丈夫一起使用镭作为X射线的来源，并制造了一个小型X射线机，在第一次世界大战期间，这项发现拯救了无数生命。不幸的是，在当时，人们还不知道持续暴露在辐射下的副作用，所以玛丽和她的家人在处理放射性物质时没有做任何安全预防措施，这导致他们受到严重的伤害。

世界上没有什么是应该被人害怕的……只有被人理解的。

今天，X射线被谨慎地应用于医学诊断和一些疾病的治疗中，如癌症。最近，科学家们还发现质子也可以用来治疗癌症。

洛里斯邀请你去听讲座，在一个礼堂—— 一个用于召开会议的大型房间内。人们在这里宣布了一种新发现的粒子——希格斯玻色子，2012年7月4日它被正式命名。

翻到第98页。

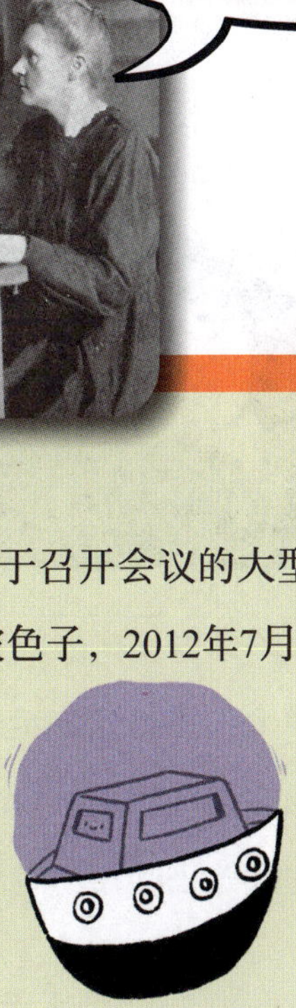

希格斯玻色子

你把车停在数据中心附近。当你下车踩到地面上的那一刻，薛迪发出呼噜声，过来蹭你的腿。

科学小贴士

猫为什么会发出呼噜声？它们能咆哮吗？

事实上，没有人确切地知道猫为什么会发出呼噜声。猫在快乐或饥饿时都会发出呼噜声。当猫感到紧张或焦虑时，它们也可能发出呼噜声，作为一种安抚自己的方式。这也是母猫和小猫之间建立联系的一部分，就像一首安心的摇篮曲。能发出呼噜声的动物不能吼叫：根据一些科学家的说法，这都取决于它们声带附近的一块小骨头。大型猫科动物，如狮子和老虎，它们的这块小骨头是灵活的，能够发出可怕的咆哮。而小猫咪声带附近的这块小骨头是完全固定的，所以它们只能发出呼噜声。有一个例外：猎豹。它的这块小骨头也是灵活的，但它不能咆哮。你有没有听过猎豹的声音？它们不吼叫，它们的叫声像……啁啾。

“你好，亲爱的薛迪！你看起来这么温和。抱歉我今天没有食物给你，我赶时间。”你边抚摸它边和它说，然后赶紧朝着数据中心的玻璃门走去。薛迪开始来回摆动尾巴，显然很失望。

翻到第60页。

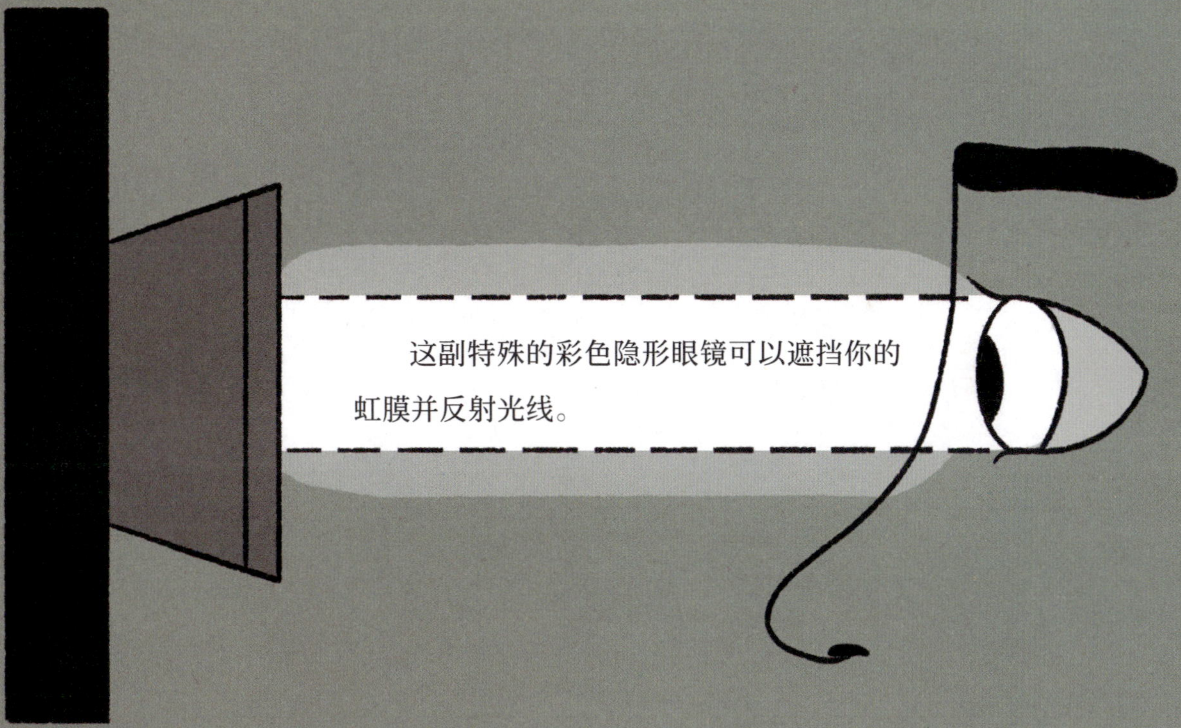

这副特殊的彩色隐形眼镜可以遮挡你的虹膜并反射光线。

结果，虹膜扫描仪无法识别你，门也打不开。黑臭先生觉得你没用，用棍子打你的头。这不是最好的结局……最好在第35页继续下去，不要戴这副特殊的隐形眼镜。

你在第90页找到A.G.女士了吗？

- 如果你找到了，继续阅读。
- 如果没有，请再查看第90页。（需要帮助吗？那就翻到第151页。）

你赶紧走过去，热情地和A.G.女士握手。

“A.G.女士，很高兴见到你！我太需要你的帮助了！有人‘黑’了维塔利教授的电脑。”你一口气说道。

“哦，不是吧，那太可怕了！”A.G.女士忧心忡忡地说。

“现在我需要他电脑的密码来阻止黑客。”你气喘吁吁地说。

“维塔利教授告诉我密码的一个字母是H。”A.G.女士在你耳边低声说。

“好的！那其他的呢？”你充满希望地问。

“他把其余的字母藏在了CERN的5个不同的地方：SM18、数据中心、反物质工厂、ALICE探测器以及ALICE与ATLAS之间的LHC隧道。”她低声说。

“太好了！非常感谢你！”你松了一口气。

当你正要离开时，她补充道：“维塔利教授还说要输入10次第4个字母，并在最后做一个吐舌头的鬼脸。”她耸了耸肩。

你得到了密码的一部分和一些有用的信息，但你仍然需要其他5个字母。没有时间可以浪费，你赶紧前往下一个目的地：SM18。在继续之前，请查看第3页的地图。

找到密码的位置列表：

- 控制中心
- SM18
- 数据中心
- 反物质工厂
- ALICE 探测器
- ALICE 与 ATLAS 之间的 LHC 隧道

附加信息：

- 输入 10 次第 4 个字母。
- 在最后做一个吐舌头的鬼脸。

SM18里挤满了人，他们正在移动和测试长长的蓝色管子。这些管子里包含了超级强大的LHC磁铁，它们的性能大约是你家冰箱里的磁铁的1000倍。这些大型仪器控制着微小质子的方向。

让我们偷看一下蓝管内部。质子在这两个被磁铁包围的管道中穿梭。

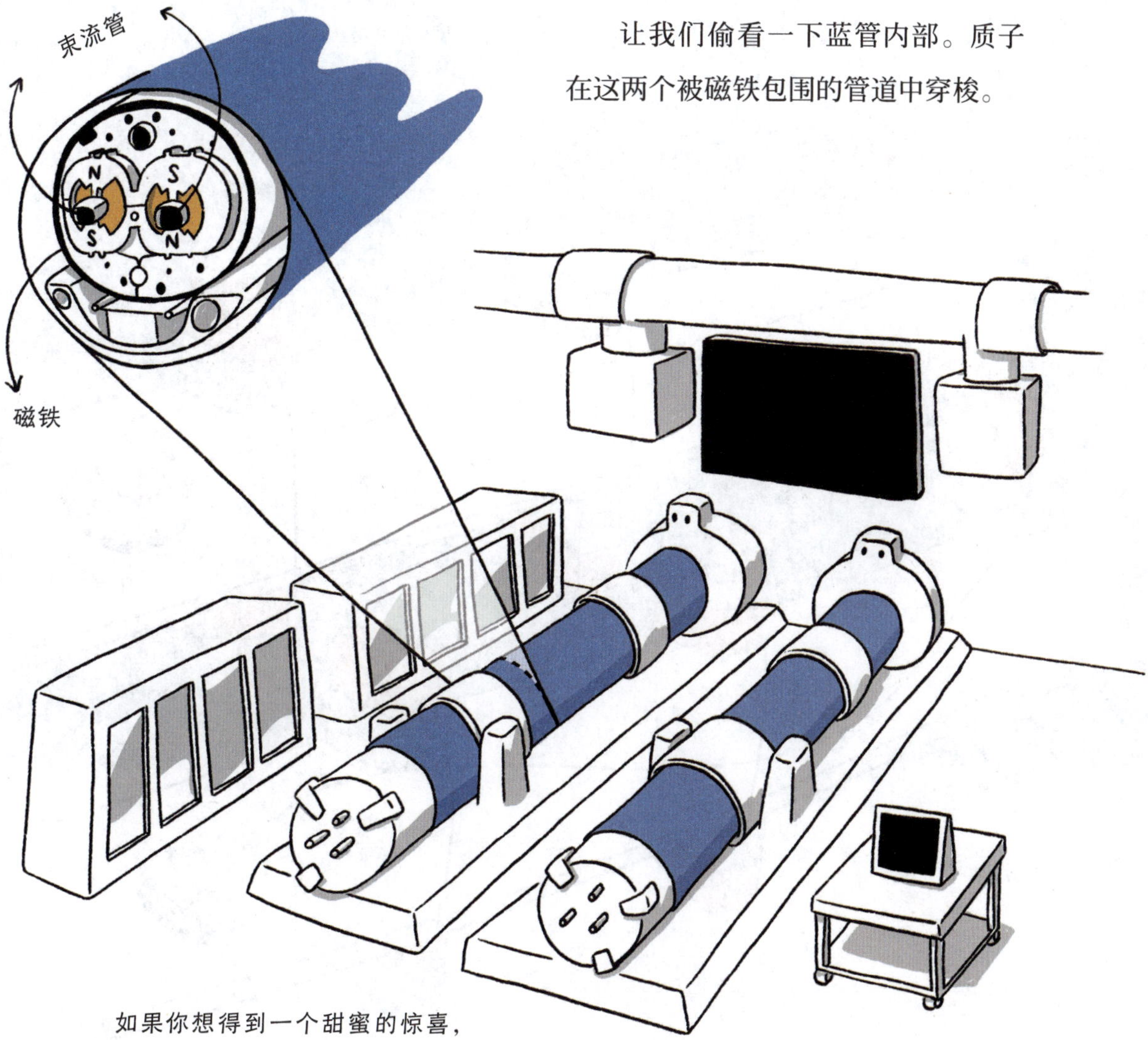

如果你想得到一个甜蜜的惊喜，请查看第 159 页的奖励材料。

翻到下一页，继续冒险。

奇妙的CERN

如何控制一个粒子的运动方向？

质子通常沿直线运动，但磁铁会弯曲它们的运动路径。磁铁对质子路径的控制效果很好，因为质子带正电荷，也适用于控制其他带正电荷或负电荷的粒子。但中性粒子，如中子，在磁铁的干扰下仍然能保持原来的运动径迹。

LHC 加速器有 1,200 多个磁铁，它们使质子沿着环以圆形路径飞行。

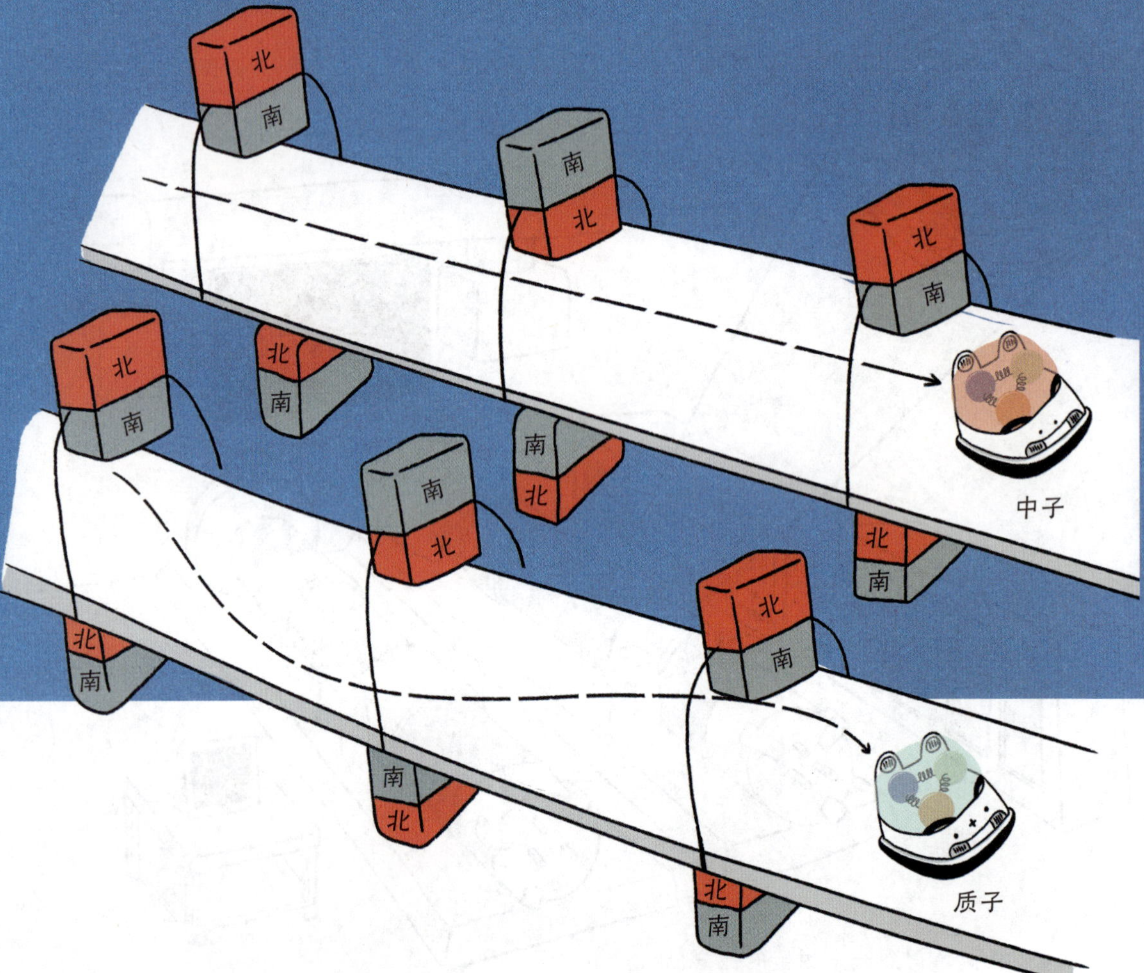

LHC磁铁是**电磁铁**，只有当电流通过它们时，它们才有磁性。相比之下，冰箱里的磁铁不是电磁铁，即使停电，它们也不受影响。冰箱磁铁是永久性磁铁。

科学小贴士

你身边的电磁铁

除了粒子加速器，各种尺寸的电磁铁已被人们广泛使用，并且应用在你周围的许多常见设备中，例如：

- 在电铃和蜂鸣器中
- 在扬声器和耳机中
- 在将旧汽车从地面抬起的废品场起重机中
- 在计算机中
- 在医院用来观察人身体内部的仪器，例如核磁共振成像扫描仪中
- 在不接触地面行驶的超高速磁悬浮列车中

小测验 你能把一根钉子改造成电磁铁吗？

这很容易！你只需要一根长的铁钉、一个电池和一根铜线。先把铜线绕在铁钉上，当铜线连接到电池的正（+）和负（-）极时，电流就会流过铜线，铁钉就会变得有磁性。铜线在铁钉上绕的圈数越多，铁钉的磁性就会越强。那么，组装铁钉、电池和铜线的正确方法是什么？（答案在第 151 页）

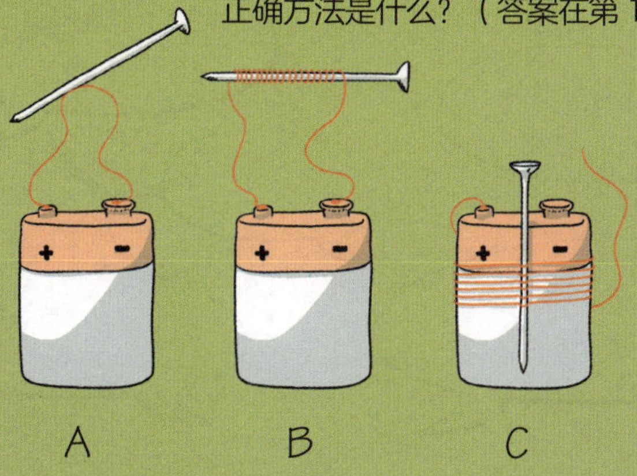

在继续寻找下一个字母之前，先找出 LHC 磁铁的特别之处。

翻到第 74 页。

如果你选择成为一名学生……

“还有多久到？”你问父母。

“大约一个小时，亲爱的。”妈妈回答。

在度过了像5个世纪一样长的5分钟后，你又抱怨：“还有多久到？我真的等不及了！”你一直都不喜欢长途旅行。

一个小时后，你到达目的地。你的心在胸口怦怦跳。天生对科学好奇的你，来CERN参观是梦寐以求的事情。你赢得了学校组织的科学竞赛，现在有机会花一周时间探索这个研究中心。你高兴极了！

妈妈亲了一下你的额头，爸爸给了你一个大大的拥抱。你站得笔直，微笑着，准备迎接你学生生涯中最美好的一周。

“抓住这个机会！”爸爸提醒道。

“我会的！”你回答。

这是你找到答案的机会，这些问题一直萦绕在你的脑海：粒子物理学是什么？我们宇宙中还有哪些未解之谜？CERN的研究人员整天都在做什么？

还有没有其他的一直让你着迷的科学问题？那些你的父母也无法回答的问题？请在下面写出来。

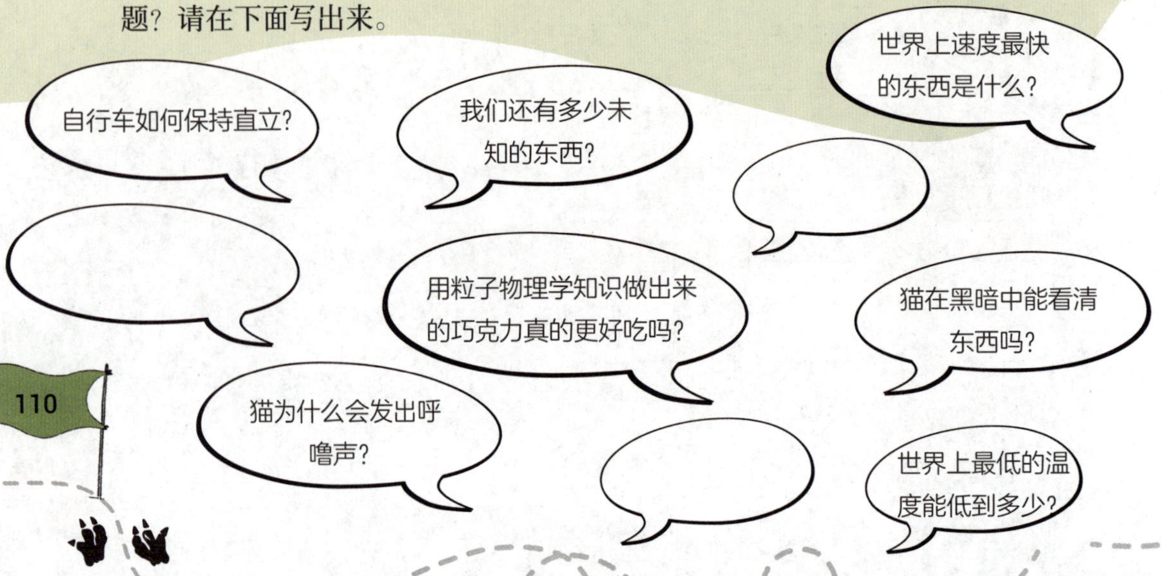

自行车如何保持直立?
我们还有多少未知的东西?
世界上速度最快的东西是什么?
用粒子物理学知识做出来的巧克力真的更好吃吗?
猫在黑暗中能看清东西吗?
猫为什么会发出呼噜声?
世界上最低的温度能低到多少?

你在CERN中将经历一些令人难以置信的挑战。一个帮手和几个工具可能会帮得上忙——或者也帮不上忙，谁知道呢……反正你没什么可失去的。

选择一个做你的帮手

- 弗兰肯斯坦的怪物
- 一个动物驯养师
- 一个瑞士厨师

选择你的工具

从以下选项中选择两个：

- 一瓶香槟
- 一个气球
- 一个指南针
- 一块瑞士手表

提示：在你选择的选项旁边打钩吧！

现在你可以开始这次探索了。翻到下一页，祝你好运！

一周前，你收到一封电子邮件，邮件中说你对CERN的访问会从接待处开始。

CERN接待处热闹非凡。你周围各种各样的人混杂在一起：成群结队的游学的学生，来参加培训课程的物理老师们，等待参观CERN的众多游客，戴着昂贵手表的商人，正在设置麦克风的记者，来自世界各地的研究人员，以及各种希望从粒子世界的奇特之处获得灵感的创意人士。

“欢迎来到CERN！我相信你在这里会经历一段很棒的旅程。”接待员说，并给你一些如何领取CERN门禁卡的指示。不用多说，你不会浪费时间。你去到卡片办公室，拍照，然后把刚刚打印出的门禁卡自豪地挂在脖子上。

神奇的光子：

光、微波炉内的波、无线电波和X射线都是由光子组成的。

耀眼的暗物质：

研究人员正在四处寻找它，但还没有成功。

令人惊叹的希格斯玻色子：

它于2012年在CERN被宣布发现。

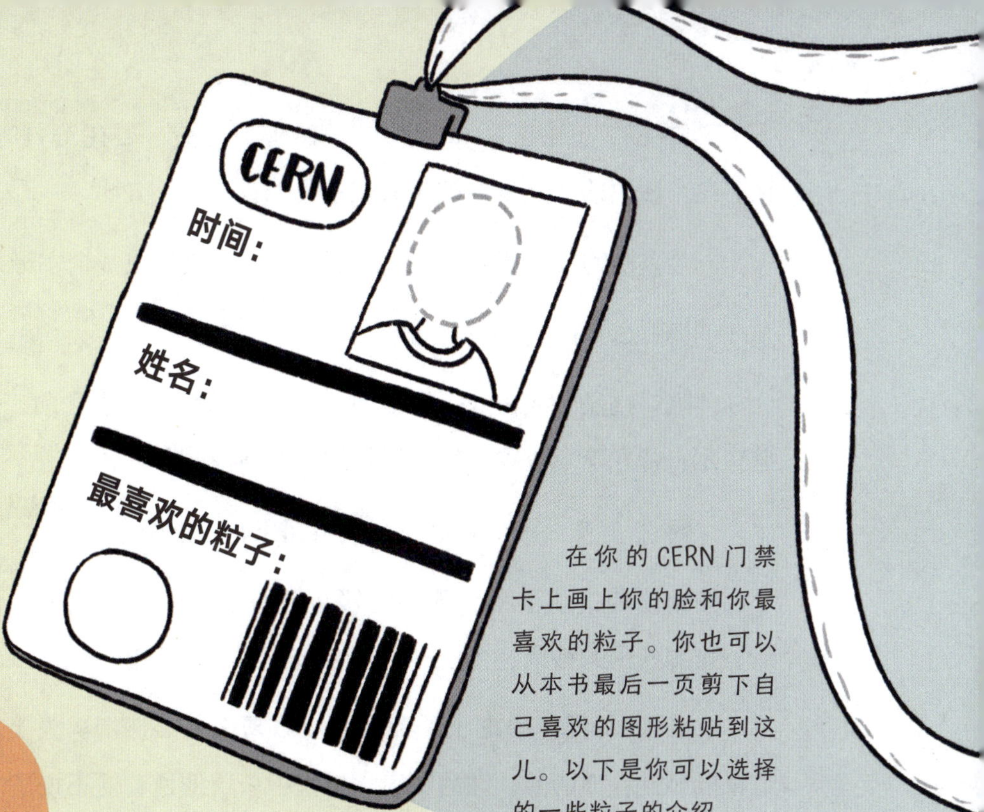

在你的CERN门禁卡上画上你的脸和你最喜欢的粒子。你也可以从本书最后一页剪下自己喜欢的图形粘贴到这儿。以下是你可以选择的一些粒子的介绍。

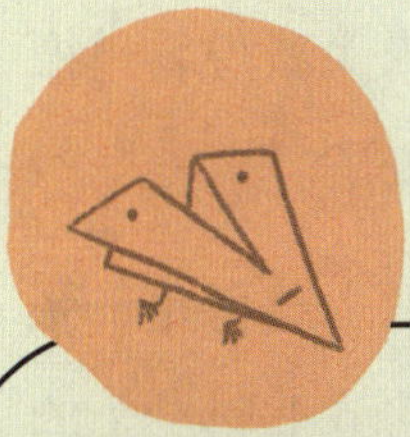

令人兴奋的电子：

它位于环绕原子核的“云团”中。

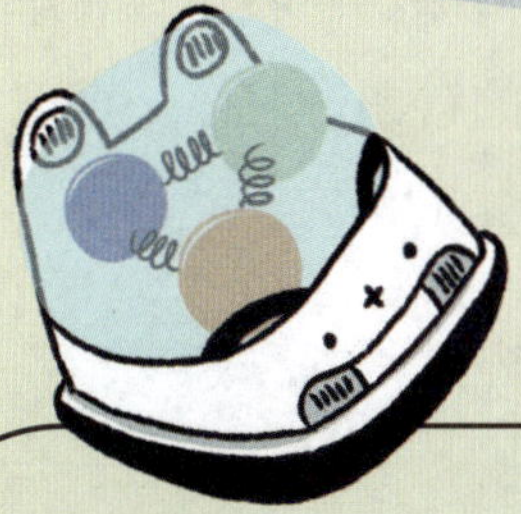

杰出的质子：

它在LHC加速器内运行，但我们也可以在原子核中找到它。它包含着古怪的夸克，还有光彩夺目的胶子，这些像胶水一样的胶子将夸克“粘”在一起。

宏伟的缪子：

它是电子的“大表哥”，比电子重约200倍。

现在你已经准备好翻到第102页了。

磁铁在被降到地下100米深的LHC隧道之前，要在SM18进行低温测试。这个密码的一部分能被隐藏在哪儿呢？

一个兴奋的技术员走向你："嘿！你一定是在找一个字母，对吗？"

"你怎么知道？"你反问他。

"哦，这是个秘密。无论如何，在维塔利教授去世之前，他给了我这些指示：待在这个位置，然后把你的钱包清空。"他补充道。

"啊?！好吧……"你回答，这听起来有点可疑。

如果你的桌子很乱，那你的钱包就更乱：票据、账单、名片、信用卡、世界各国的钞票、便笺……你看起来无所适从了。

"一张200面额的瑞士法郎钞票可以帮你。"那个男人笑着说，"把它横向竖立在你面前，然后跟着大拇指……"他说着便不说了。

幸运的是，你的钱包里碰巧有一张200瑞士法郎的钞票。这可是一张面额很大的钞票，但你一直把它放在钱包里是另有原因的：这张钞票上的图案与CERN有关。

小测验

这张钞票上的图案是什么？

（a）一次粒子碰撞

（b）一个遥远星系中恒星的爆炸

（c）一座正在喷发的火山

（答案在第 151 页）

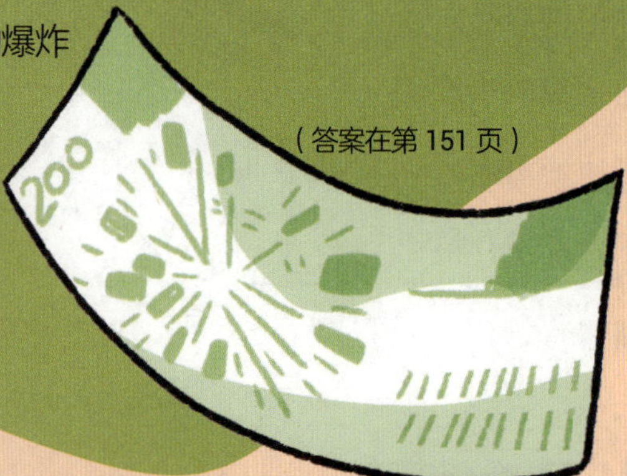

在钞票的另一面，你可以看到一只右手的插图，大拇指和食指形成一个L形，中指指向外侧。

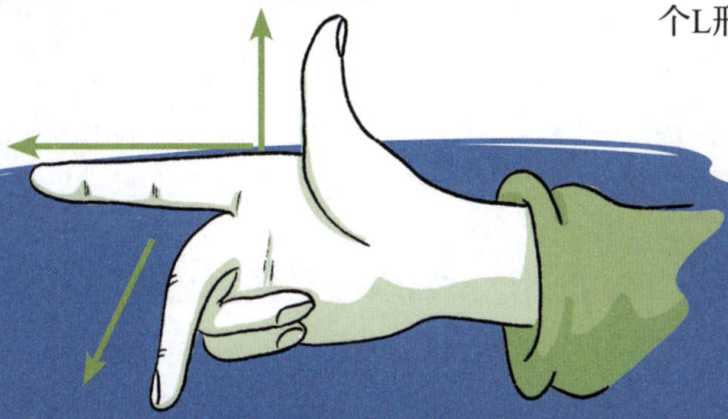

奇妙的CERN

这张瑞士法郎上的古怪手势是什么？

这不是一个新潮的手势，而是帮助你理解移动的粒子（质子）靠近LHC 磁铁时会发生什么情况的方法。粒子会沿着直线飞行，但磁铁会让它们的路径发生转向，这样它们就可以沿着 LHC 环飞行。食指的方向代表粒子的方向（速度），中指代表磁场的方向，大拇指的位置是作用在粒子上的、使它们的运动路径发生转向的力。

你把钞票横向竖立在你面前，然后顺着大拇指的方向看。对的！你发现了一张写有字母的小纸条，上面写着字母“E”。

你想感谢那位技术员，但他已经消失了。不管怎样，现在是时候开车去数据中心了，那里存储了CERN的所有数据，组成密码的另一个字母隐藏在那里。

翻到第104页。

也许你认为这只恐龙不是生气了，而是饿了。与其吃你或其他人，它可能更喜欢一些当地的美食，比如“一半一半”奶酪火锅、瑞士巧克力或一份恐龙大小的拉可雷特干酪。

这可能不是最聪明的办法，但为什么不试试呢？只是奶酪熔化的气味就足以让恐龙暂时远离我们，也有可能这只恐龙爱好甜食。谁知道呢……

一个自负的厨师为你服务，他大声朗读菜单，还强调每一个字。他读菜单的时候，请你选择3道菜。

“你能快点准备一份奶酪火锅、……………………………………（写上你的第一个选择）、……………………………………（写上你的第二个选择）和……………………………………（写上你的第三个选择）吗？”你不耐烦地问。

“当然可以！”厨师回答。

他立刻把食材混合在一个野营时搭建的临时厨房的大锅里。与此同时，你想用一个危险的捉迷藏游戏来分散恐龙的注意力。

“上菜咯！”厨师自豪地展示他拿手的菜品。

你俩把菜留下，然后跑出几米远，看看恐龙是否会被食物吸引。你隐隐感觉，这个伎俩不会奏效，但不试试就永远不会知道结果。

菜单

“一半一半”奶酪火锅

一锅熔化了的美味的奶酪，传统上是将格律耶尔奶酪和弗里堡奶酪在锅里熔化后，人们用面包块蘸着吃。

拉可雷特干酪

熔化超多干酪，然后配上土豆食用。

黄金土豆饼

一道瑞士德语区的传统菜肴，用压碎的马铃薯做成。

巧克力

你知道吗？
瑞士人是世界上最能消耗巧克力的群体。

油炸奶酪球

（常见于瑞士西部）

炸奶酪馅面团圈。

优质香肠

一种瑞士传统的用茴香调味的猪肉香肠。

日内瓦刺洋蓟

腌制的洋蓟茎，一种在日内瓦以外相对不为人知的蔬菜。

麦片水果粥

将比尔斯奇燕麦片与牛奶、酸奶和水果混合，就成为一种理想的、营养丰富的早餐。

双层奶油蛋白酥皮

蛋白霜加上双层奶油，是一种全脂、全糖的美味甜点。

翻到下一页。

抱歉，这些食物并没有阻止恐龙继续向你和厨师逼近。作为一只食肉恐龙，可能它对你比对美味的奶酪火锅更感兴趣。

“这只恐龙不欣赏我的厨艺。”厨师对这个情况感到恼火，“这是不可能的！不可能！”

“去吃我的食物！”他大喊，“否则我就把你做成烤肉！”这可不是对一只好斗的恐龙该说的话，你摇了摇头。

现在，你注意到附近有一群羊在吃草，它们似乎并不在意这只史前掠食者。同样，恐龙似乎也没有注意到羊群，而是坚定地向你和厨师冲来。

厨师扔下所有食材，仓皇出逃。

在为时已晚之前，翻到第19页。

你给一个气球充上气，然后在你的羊毛毛衣上摩擦至少15秒钟。之后，你将气球放在混合的盐和胡椒粉上方几厘米的位置，不要让气球接触这些混合物。胡椒粉被吸附起来，粘在气球上，留下盐粒。太棒了！

科学小贴士

胡椒粉和盐

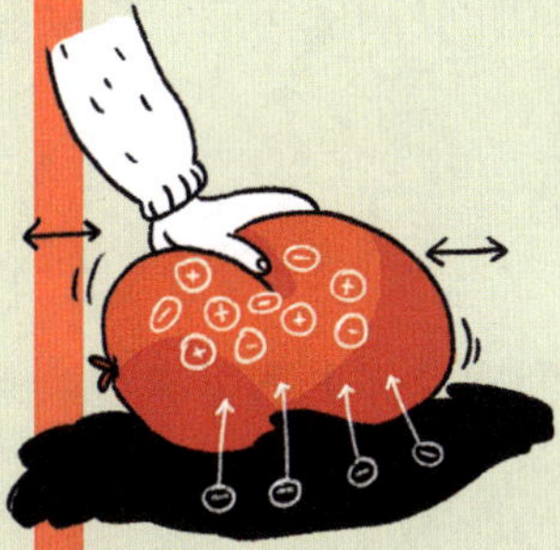

电子是围绕原子核飞行的小的带负电的粒子。然而，一些电子也可以跳到其他原子上。当气球在毛衣上摩擦时，毛衣上的电子就跳到了气球上：气球表面因携带更多电子而带负电荷，会被带正电荷的物体吸引（或粘住）。这种现象叫作静电。容易引起静电的材料包括羊毛毛衣、人类头发和猫毛……但带中性电荷的胡椒粉会发生什么呢？

当带负电荷的气球靠近胡椒粉时，胡椒粉中的每个电子都会有所感应。那些更靠近气球的胡椒粉的电子会被排斥，因此这部分胡椒粉略微带正电荷。再强调一次，“异性相吸”。盐粒内部也会发生同样的情况，但胡椒粉比盐粒轻，因此它更容易被吸在气球上。

让我们看看恐龙的反应……翻到第20页。

当你和年轻人对弈时，你注意到他的毛衣上有个奇怪的、用一些线条做的设计，这些线条似乎起源于一个中心点，看起来有点像烟火绽放，但又不完全一样。

“你有一件有趣的毛衣，是在日内瓦买的吗？”你一边移动骑士棋子一边问。

“是的，它展示了粒子碰撞。我在CERN买的。”年轻人说。

“啊，CERN！”你惊叹道，“你见过维塔利教授吗？他是我的祖父。他过去在那里工作。不过，我从来没有完全了解CERN的研究人员到底在做什么。”

“嗯，我也不是相关专家，但我知道在CERN的人们研究物质的起源，即大爆炸后发生了什么。想象一下，不是倒回两小时前，而是倒回138亿年前！你会看到什么？”年轻人问道。

“我不知道，但这听起来很吸引人。”你说。

“CERN是一个独特的地方。如果你有时间，我强烈建议你去那里参观。乘坐有轨电车就能到。”年轻人说道。

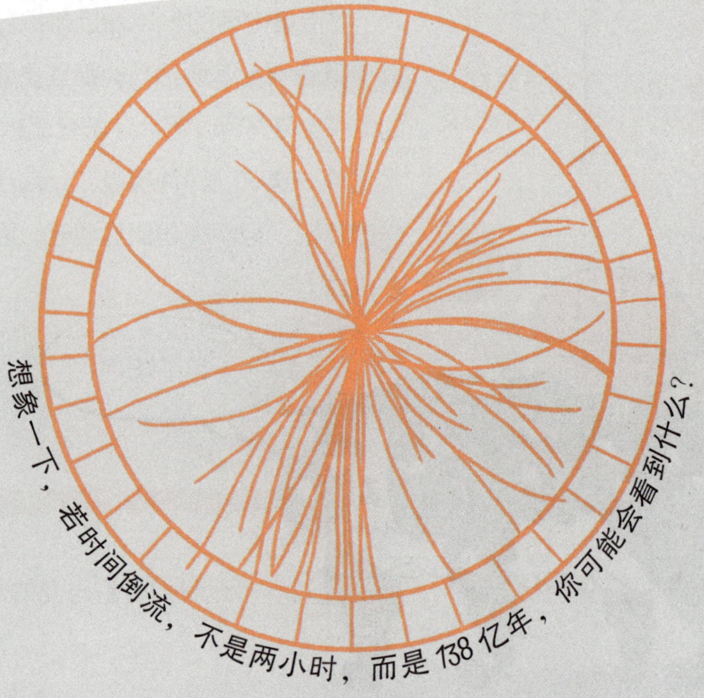

想象一下，若时间倒流，不是两小时，而是138亿年，你可能会看到什么？

你从未去过任何一个研究所，你想去看一看。

“你觉得怎么样，奇皮？”你问你的旅行搭档。

奇皮愉快地鸣叫。

时间飞逝，你很快就赢得比赛。实际上，你在国际象棋比赛中是战无不胜的，你这辈子还未输过。

你带着对明天的期待入睡，而可怜的奇皮，它的梦（或者说是噩梦）则满是可怕的动物——变成老虎的小猫，吼叫的乌龟和复活的恐龙——潜伏在日内瓦市中心附近。

奇妙的CERN

大——爆——炸？那是什么？

如果你认为“大爆炸”这个词听起来不太科学，那你确实是对的。天文学家弗雷德·霍伊尔爵士在一次电台的采访中提出了这个名字。他实际上是在发表反对大爆炸理论的评论，并支持一个替代的观点。

然而，随着时间的推移，越来越多的证据支持大爆炸理论，这个有趣的名字也流传下来。现在我们知道整个宇宙大约有 138 亿年的历史，而在一切开始前，它的密度和热度都超级高，后来，随着膨胀，它逐渐冷却下来。

LHC 加速器以巨大的能量让粒子发生撞击，以此创造出宇宙诞生时的条件，也就是大爆炸后的一刹那。

翻到下一页。

第二天早上，你准备好迎接美好的一天，而奇皮却没有。在做完可怕的噩梦之后，它的状态不佳。早餐后，你带着奇皮乘坐电车去CERN。奇皮趴在你的肩膀上，它是一只表现良好的鸟，习惯了乘坐公共交通工具。

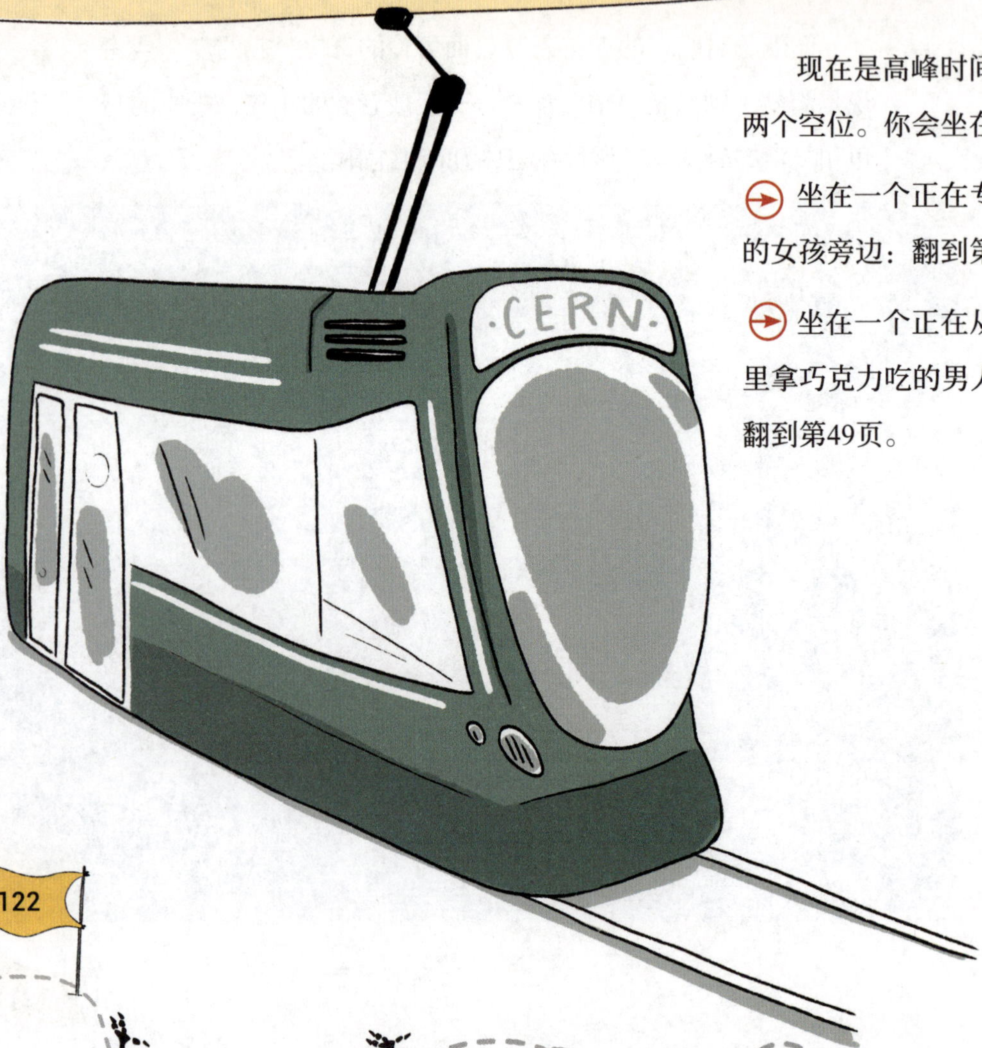

现在是高峰时间，只有两个空位。你会坐在哪儿？

坐在一个正在专注打字的女孩旁边：翻到第94页。

坐在一个正在从大盒子里拿巧克力吃的男人旁边：翻到第49页。

你没有香槟酒，所以你决定偷一瓶你在某人办公室看到的香槟酒。不幸的是，你被当场抓住了。这瓶香槟是物理学家们想送给CERN控制中心的工作人员的感谢礼物。每个人都很生你的气，但在你解释说你是想挽救局面后，他们同意把这瓶香槟酒给你。

牢牢拿住瓶子，小心翼翼地翻到第143页。

你决定去CERN餐厅。也许吃点东西会给你一些能量去思考。CERN的餐厅通常熙熙攘攘的，但今天却冷冷清清的，只有一个看起来像游客的神秘人在里面。

你绝望地用双手抱住头。突然，一只鸟飞了进来，在你坐的地方不远处扔下一团纸。

你从地板上捡起这张纸。你睁大了眼睛，惊呼："这是密码的缺失部分。是字母E！"

神秘人高兴地跳起来，朝着这只鸟欢呼："Cheeeeeeepy（奇——皮）！"

"奇皮（Cheepy）？"你自言自语。与此同时，你意识到你已经拥有了单词"奇皮"的所有字母。你迅速在维塔利教授的笔记本电脑上输入它，记得输入第4个字母10次，并在最后加上一个吐舌头的鬼脸。

小测验

吐出舌头

在这些表情符号中，你能看到一个吐舌头的表情吗？

（a）：-)

（b）：-P

（c）：-(

（d）•w•

（e）(^o^)

（答案和完整密码在第 153 页）

输入密码以继续：

"难以置信。"你自言自语，"它起作用了！"你松了一口气。现在，你终于阻止了黑客的工作。机器老鼠也冻结了，恐龙也突然不动了。

科学小贴士

击败黑客

黑客可以很轻易地猜测出用字母、生日、字典里的单词组成的较短的常规形式的密码，如：123456789 和 qwerty。单词 cheep 只有 5 个字母，也列在英语字典中：黑客在一秒内就能破解它。密码越长，猜对的难度就越大！混合使用数字、字母和符号作为密码是最好的。当你要创建一个密码时，可以在网上轻松找到检测密码强度的网站，检查一下密码是否足够强大。

恭喜！你完成了探案任务，但你不觉得自己没有明白到底发生了什么吗？

那只鸟怎么可能携带正确的密码片段？那个在餐厅里的神秘人怎么可能喊出正确的密码？

还有，那名学生为什么要把昂贵的香槟倒入一个大桶里？

翻到第110页
找出答案。

翻到第10页揭开谜团。

你完成了所有3个故事吗？翻到第148页的《后记》。

然后，突然间，一切都变黑了。有两只眼睛在黑暗中闪烁……是薛迪的眼睛。

但是奇皮在哪儿？希望它不在猫嘴里。

科学小贴士

猫在黑暗中能看清物体吗？

猫可以，猫的眼睛对昏暗的光线更敏感。猫的瞳孔在白天看起来像一条垂直线，但在晚上它会扩大，让更多的光线进入瞳孔。由光子组成的光束会被眼睛中的一些细胞感知，这些细胞被我们称为视杆细胞。猫的眼睛在晚上的“夜光效应”是由眼球中的透明质膜引起的：它像眼球后部的一面镜子，它增强了视杆细胞可以感知的光能量。夜视帮助猫在黄昏和黎明时狩猎。可怜的奇皮处于危险之中。

翻到下一页。

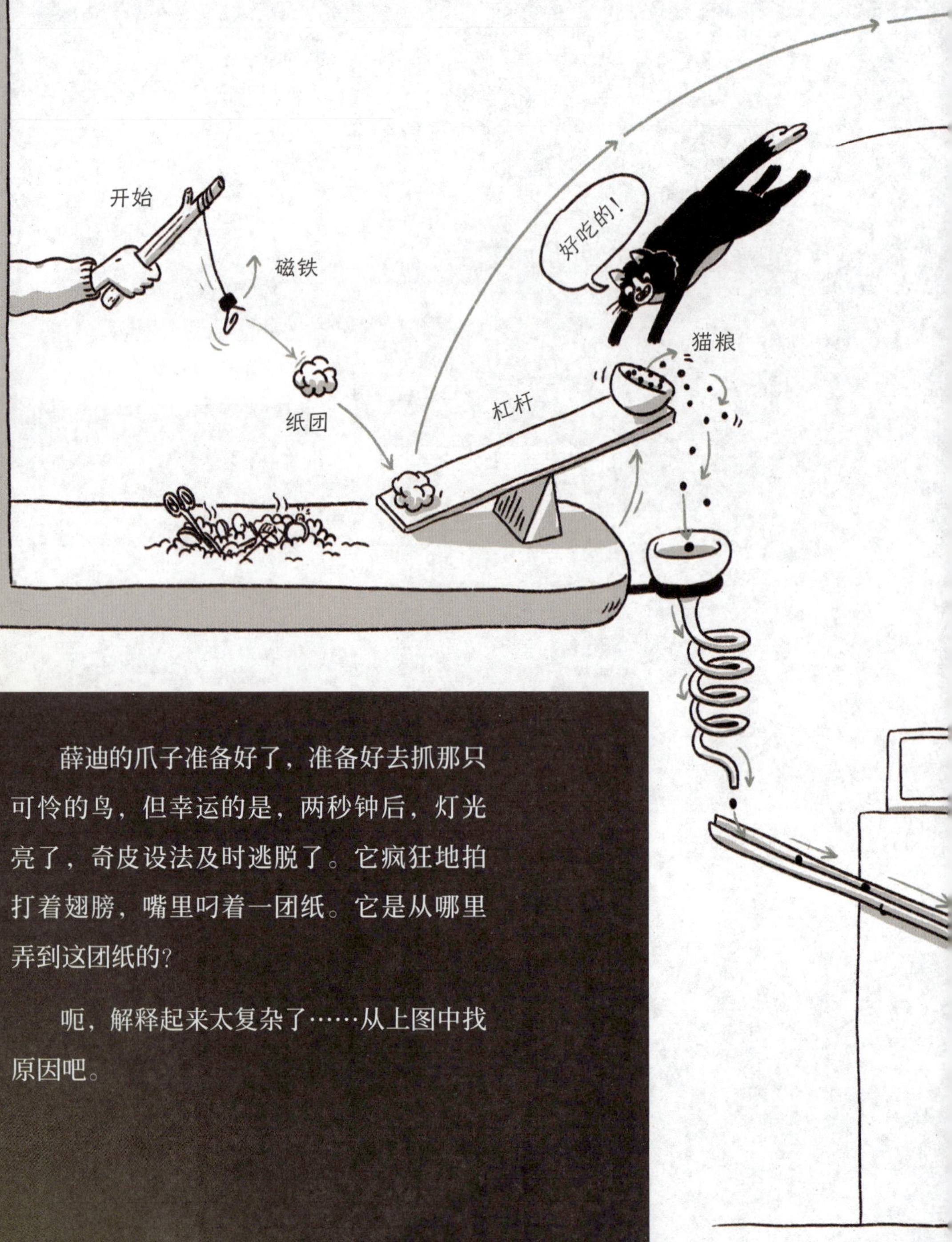

薛迪的爪子准备好了，准备好去抓那只可怜的鸟，但幸运的是，两秒钟后，灯光亮了，奇皮设法及时逃脱了。它疯狂地拍打着翅膀，嘴里叼着一团纸。它是从哪里弄到这团纸的？

呃，解释起来太复杂了……从上图中找原因吧。

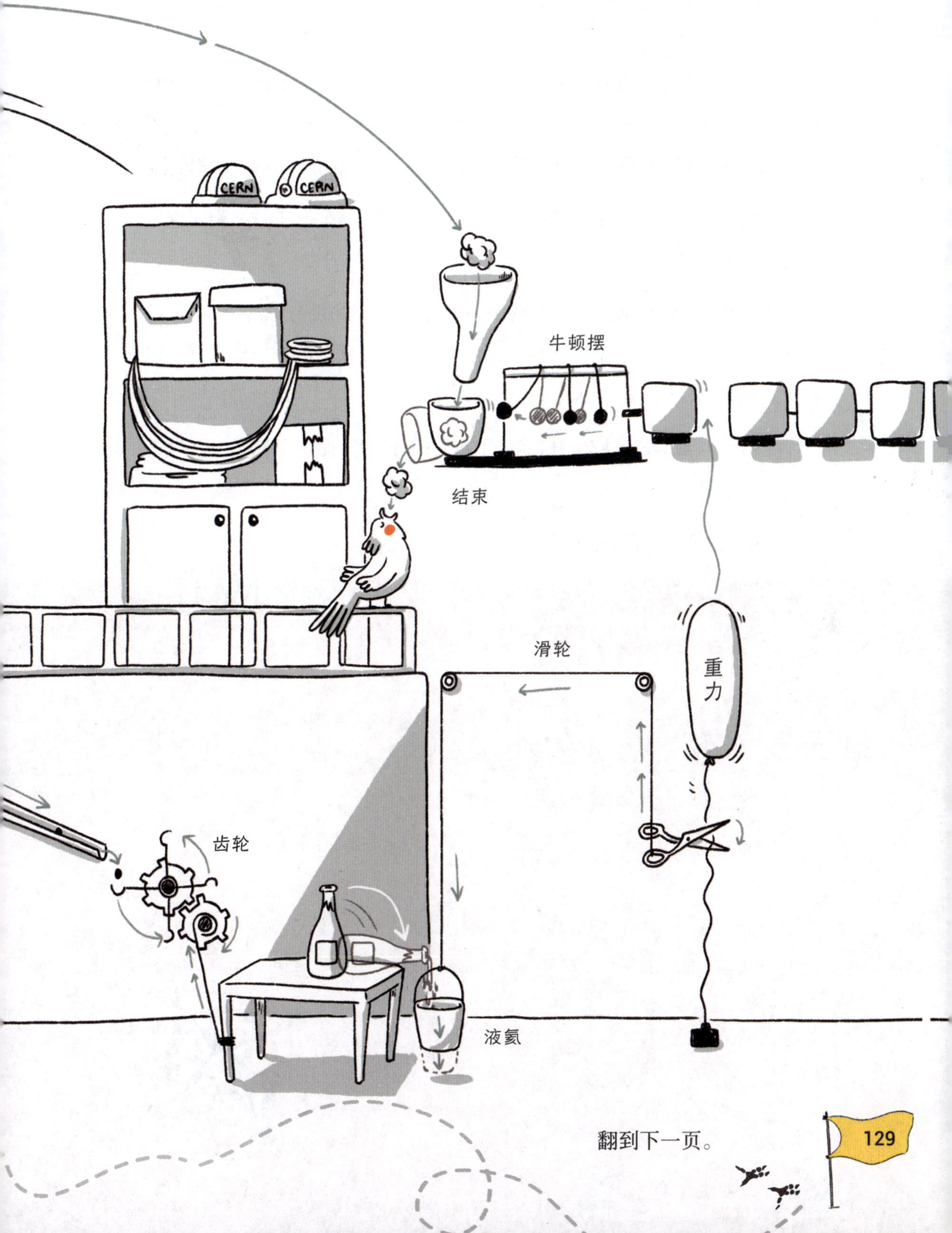

翻到下一页。

那只猫仍然在追奇皮，所以奇皮飞出反物质工厂，你迅速跳上那辆双层巴士跟在它们后面。在建筑物的外面，一双巨大的脚，一条像鞭子一样甩来甩去的尾巴出现在你面前，伴随一声威胁性的吼叫，一只巨大的恐龙站在你面前。

“我的天哪！穿着这身装扮去参加狂欢节游行是个好主意，但是现在去太早了吧？”你盘算着。

就在此时，奇皮从距离恐龙的眼睛只有几英寸[1]的地方掠过，飞向CERN主园区的南部。真是太糟糕了，一群羊挡住了道路，你驾驶的双层巴士开不过去。你按了几次喇叭，但羊群并未走开。

“奇皮，我得等羊群走开，我们在CERN餐厅见面。”你向奇皮喊道，“向东南方向前进！”

“叽叽，叽叽。”它回答。

科学小贴士

鸟类能看懂指南针吗？

不能，但它们可以在冬季来临之前迁徙到更温暖的地方，然后在春天又飞回来，并且不会迷路。它们是如何做到这一点的仍然是一个谜。研究人员正在研究不同的理论：（1）鸟类体内含有一种叫作磁铁矿的磁性矿物颗粒，可能起到指南针的作用；（2）鸟类的眼睛或许能真实地看到地球磁场；（3）鸟类的内耳可能会感应到磁场引起的小电流。它们也可能跟随视觉线索，如河流和山脉，找到正确的路线。夜间活动的鸟类依靠星星来导航，这一点科学家通过让小蓝鸟（靛蓝彩鹀）在天文馆中飞行得到了证明。目前还没有人对鹦鹉进行过研究，但奇皮非常聪明，它会弄清楚方向的。

1　1英寸约等于2.54厘米。

在等待羊群走开时，你仔细观察了恐龙。你开始认为它是真实的。你决定给你最好的朋友罗伯特打电话，他对这个星球上生存过的恐龙了如指掌。他能记住史前世界每一种动物的名字、饮食习惯和骨骼结构。这么说吧，如果恐龙穿鞋，他肯定也知道它们的鞋码。现在你可以想象一只穿着高跟鞋的霸王龙。

“嘿，最近怎么样？”电话那头的罗伯特说道。

“嘿，罗伯特！我认为我面前有一只恐龙。”你坦白说。

“嗯，什么?！”罗伯特惊叫一声后，试图压低他的笑声。

“是的！不幸的是，我的手机摄像头坏了，所以我不能拍给你看。”你说。

“嘿，你的脑袋是被门挤了吗？你还好吗？”你朋友现在用担心的语气问道。

“情况是，我差点从起重机上摔下来。幸运的是，一个消防员救了我，还救出了奇皮。现在我在等待羊群走开，这样我开的双层巴士就可以通过了。总之，一言难尽……”你一口气说完这些。

“双层巴士？羊群？起重机？哇，听起来像是一场冒险！我期待你回来讲所有的故事。但别担心恐龙，好吗？它们在大约6,500万年前就灭绝了！”罗伯特指出。

“是的……那是事实。我猜它一定是一辆嘉年华花车……”你仍然有些不相信。

“可能是。顺便说一下，你参观过迪诺普拉涅博物馆吗？”

“没有，我明天就去！”你回答。

“太好了！你可以在那里学到很多关于恐龙的知识。”罗伯特说。

翻到下一页。

科学小贴士

确切地说，并非所有恐龙都灭绝了

现代鸟类，包括奇皮，都曾是恐龙。鸟类起源于一群双足行走的、食肉的恐龙，它们被称为兽脚类恐龙。它们与高大的霸王龙和娇小的迅猛龙是同一类。

巨型蜥蜴？

最初，大多数人认为恐龙看起来像巨大的蜥蜴。然而，越来越多的发现改变了古生物学家对恐龙外观、行为和生活方式的看法。例如，在中国发现了多只有羽毛的恐龙，如帝龙，以及在缅甸的琥珀中发现了保存完好的有羽毛的恐龙的尾巴。

如果你想做一只可供食用的恐龙当作给罗伯特的一个惊喜，请查看第161页的奖励材料。

最后，道路畅通了，你直接前往餐厅。

这个地方空无一人。你只能看到一个绝望的研究员。

随着时间一分一秒地流逝，你越来越担心奇皮的命运。

就在这时，奇皮飞进餐厅，直接落在你的头上，在你的羊毛帽上舒服地躺下。这是纯粹的快乐时刻！

“Cheeeeeeepy（奇——皮）！”你高兴地叫道，“拜托，不要再离开我了！”

你转头看到研究员现在笑容满面。研究员的情绪变化如此之快。

为什么这位研究员突然这么高兴？

你想知道关于恐龙的一切吗？

翻到第44页，扮演CERN研究员的角色，找出答案。

翻到第110页，扮演学生的角色。

你完成了所有3个故事吗？翻到第148页的《后记》。

科学小贴士

眼花缭乱的事实

如果你仔细观察一杯装得满满的香槟酒，你会发现上升的气泡像水流一样，每个"水流"都从杯壁内一个特定起始点开始。这个点通常是玻璃内壁上很小，甚至肉眼看不见的划痕或瑕疵。在这些点上，水和二氧化碳分子之间的反应可以很轻易地形成气泡。

如果你向香槟中加入盐会发生什么？盐粒由许多小晶体组成，每个晶体都有很多边缘，这意味着二氧化碳突然有更多的核化点与水反应，所以，会有更多的气泡冒出来。当盐粒在液体中逐渐溶解，许多锋利的边缘消失时，反应就结束了。

你将注意力转回到恐龙身上……你得想出另一个计划，希望这个计划能成功!!

这一次，你决定咨询你在第111页选择的那个帮手。

➔ 如果你选择了一个瑞士厨师，翻到第116页。

➔ 如果你选择了一个动物驯养师，翻到第53页。

➔ 如果你选择了弗兰肯斯坦的怪物，翻到第145页。

当你离开反物质工厂时，你突然与一只恐龙打了个照面！这只令人印象深刻的史前巨兽露出像刀片一样锋利的牙齿，它的动作非常逼真。“它一定是CERN幼儿园给孩子们准备的表演道具，但这对小孩子来说有点太可怕了吧？”你自言自语。

在不远处，一个看起来像学生的年轻人正在将昂贵的香槟倒入一个大桶里。这太奇怪了，但你顾不上探究了。你一边想着今天是你一生中最疯狂的一天，一边开车前往ALICE探测器。如果你不确定ALICE探测器在哪儿，请查看第3页的地图。继续翻到下一页。

ALICE探测器在地下100米，其地面入口受到安全系统的保护，以防入侵者乘坐电梯进入。

当你向那扇门走去时，突然，一只手伸出来粗暴地抓住了你的脖子。

“我想要你收集到的所有字母。”这个男人突然从暗处冲了出来，恶狠狠地说。这个男人一定是黑客。他不怀好意，所以你认为最好还是把他想要的东西给他。

“我收集到了字母H、E和C。但你怎么知道密码的下一部分会在这儿？”你困惑地问道。

“我恐吓了A.G.女士。”黑客傲慢地回答。他的口气很难闻，很臭。你不知道黑客的名字，显然现在不是交换名片的最佳时机，所以你称他为“黑臭先生（Mr Hacktosis）”（由黑客hacker和口臭halitosis这两个词组成）。

“你做了什么?！你是怎么得到我和A.G.女士的手机密码的？”你震惊地问道。

“谦虚点说……我‘黑’了你们两个的手机。”黑臭先生明目张胆地说，眼神猥琐。他嘴里又散发出一阵令人作呕的气味，但你试图保持专注。“你手机的密码是你的生日。猜到它太容易了……”

“什么?! 你为什么要这么做?”你大喊。

“我喜欢看到人们眼中的恐惧。”黑臭先生回答，脸上带着一丝令人厌恶的笑容，“难道你还没有看到我那可怕的恐龙机器人吗? 它是这个星球上最真实的恐龙机器人——每一个细节和动作都是完美的。”他吹嘘着，而你则希望用双手捏住鼻孔来应对这股恶臭。

“你是说有一只恐龙机器人在日内瓦四处游荡吗?”你害怕地问道，担心黑臭先生可能会说什么。

“奔跑，不是游荡。”他纠正道，“我希望它也能对CERN造成一些破坏。”

所以，你在反物质工厂前看到的恐龙不是给孩子们的表演道具，而是一个机器人。

现在一切都清楚了！黑臭先生正在利用人们的恐惧制造机器人。他从制造一只可怕的恐龙开始，然后在数据中心制造了一场机器老鼠入侵……毫无疑问，他很快会创造出威胁性的机器蛇、凶猛的机器老虎、有毒的机器蜘蛛和其他令人毛骨悚然的生物机器人。

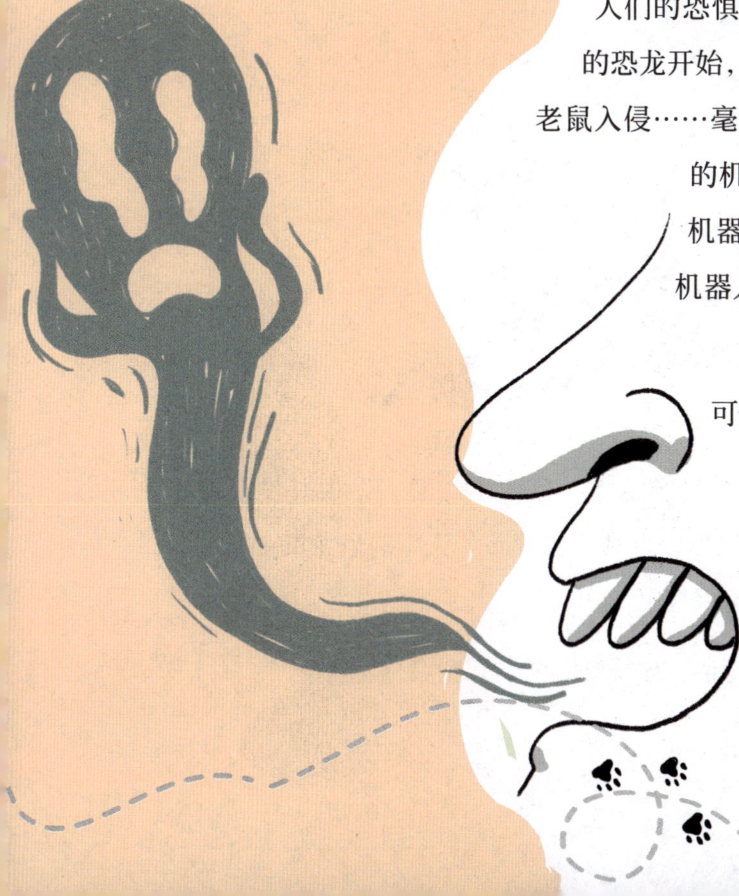

“你为什么这么做? 你真是一个可怕的人，你不能……”你抗议道。

“够了，别说话了！”黑臭先生打断你，把你推向门口。

你别无选择，只能翻到第55页。

恐龙被“弗兰肯斯坦的怪物气球”分散了注意力，但并没有被吓到。它玩了一会儿那只大气球，直到把它咬破。失望的恐龙重新把注意力放到你身上。

选择另一个选项作为帮手，你将更安全。回到第134页。

“冷静下来再思考。”你试图告诉自己。重启电脑没有用。屏幕上还是弹出那句“警告”。

你拿起手机，给你的同事奥德特发了一条消息。她和你是同一个办公室的，但她刚参加完会议，还在千里之外。她可能以前遇到过这类问题。她的航班定于明天一早起飞，所以现在叫醒她不太礼貌，但你顾不了那么多了。

“嘿，奥德特！不好意思在这个时候打扰你。维塔利教授的电脑可能被黑了……”

你点击发送按钮，真心希望她还没睡着。幸运的是，她很快回复你：

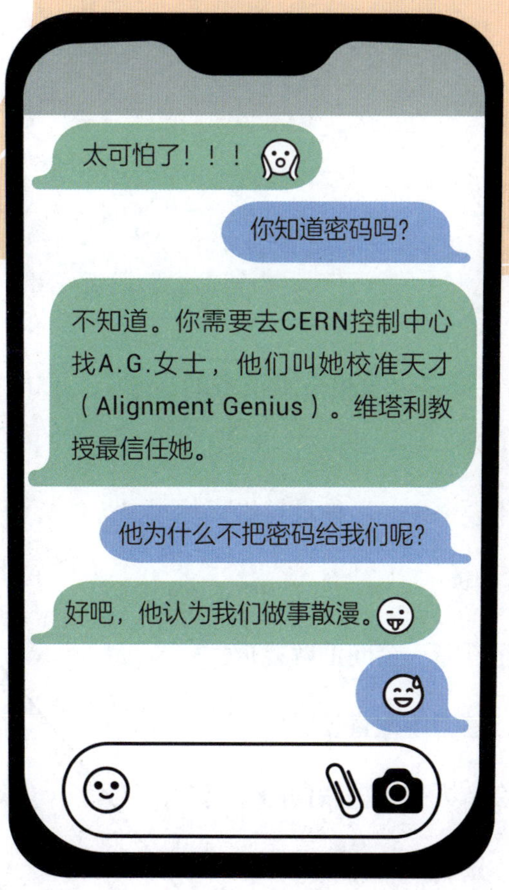

太可怕了！！！
你知道密码吗？
不知道。你需要去CERN控制中心找A.G.女士，他们叫她校准天才（Alignment Genius）。维塔利教授最信任她。
他为什么不把密码给我们呢？
好吧，他认为我们做事散漫。

你能在第90页中发现A.G.女士吗？然后翻到第72页。

薛迪的行为说明了一切。如果附近有很多老鼠，这只猫不会这么安静。所以这些老鼠一定是假的！

好主意！这儿没有什么可怕的。你意识到这儿有很多有史以来最逼真的老鼠机器人。

突然，你的手机响了，你收到了一条来自未知号码的威胁短信："给我密码！"

有人也在找你要找的密码。一定是黑客，他意识到如果你找到了密码，他的邪恶游戏就结束了。

一只老鼠从角落跑过。

"救命啊！"有人大喊。

一个惊慌的计算机专家站在满是电缆和技术设备的桌子上。你能听出他声音中的恐惧。

"这些只是老鼠机器人，不要害怕。"你试着告诉他。

"老鼠机器人?!"他困惑地说。

"无害的机器人。"你手里抓着一个向他解释道。

"真的吗？"那人震惊了，甚至不敢直视它们。

"我已经呼救了，很快就会有人来支援我们的。还有，你有维塔利教授留下的消息吗？"

他点点头，从口袋里掏出一团纸扔给你。

“太好了！我保证这场噩梦很快就会结束。”你拿到纸后大声说。

“非常感谢！”计算机专家回答。

这张纸上印着一个大写的“C”，背面有一条消息。这毫无疑问是维塔利教授的字迹，像鸡爪子扒拉的一样。幸运的是，和他一起工作多年的经历让你能够看懂他写的字。这是一首奇怪的诗：

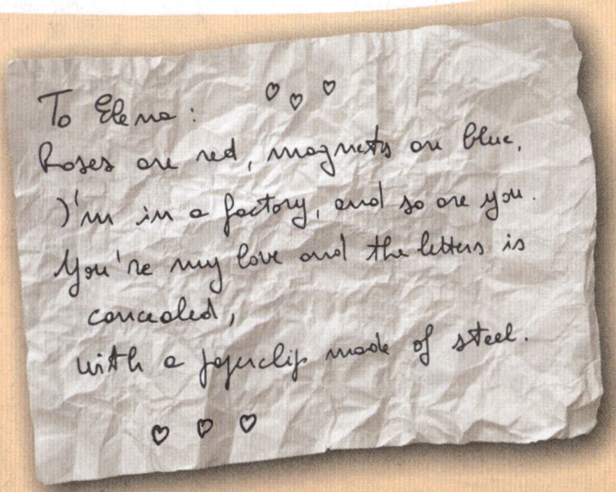

To Elena:
Roses are red, magnets are blue,
I'm in a factory, and so are you.
You're my love and the letters is concealed,
with a paperclip made of steel.

你快速地读了一遍。

致艾琳娜(Elena)：

玫瑰是红色的，磁铁是蓝色的。我在工厂里，你也在。你是我的爱，字母被隐藏了，用一个铁制的回形针。

你忍不住笑了起来。

这次，善良的老头维塔利教授给了你一个极好的提示。这听起来像是一首人类历史上的最糟糕的浪漫主义情诗，但实际上它是一条秘密信息。它告诉你去哪儿寻找密码的下一个字母，以及如何拿到它。

翻到第16页，了解更多关于这个神秘的艾琳娜的信息。

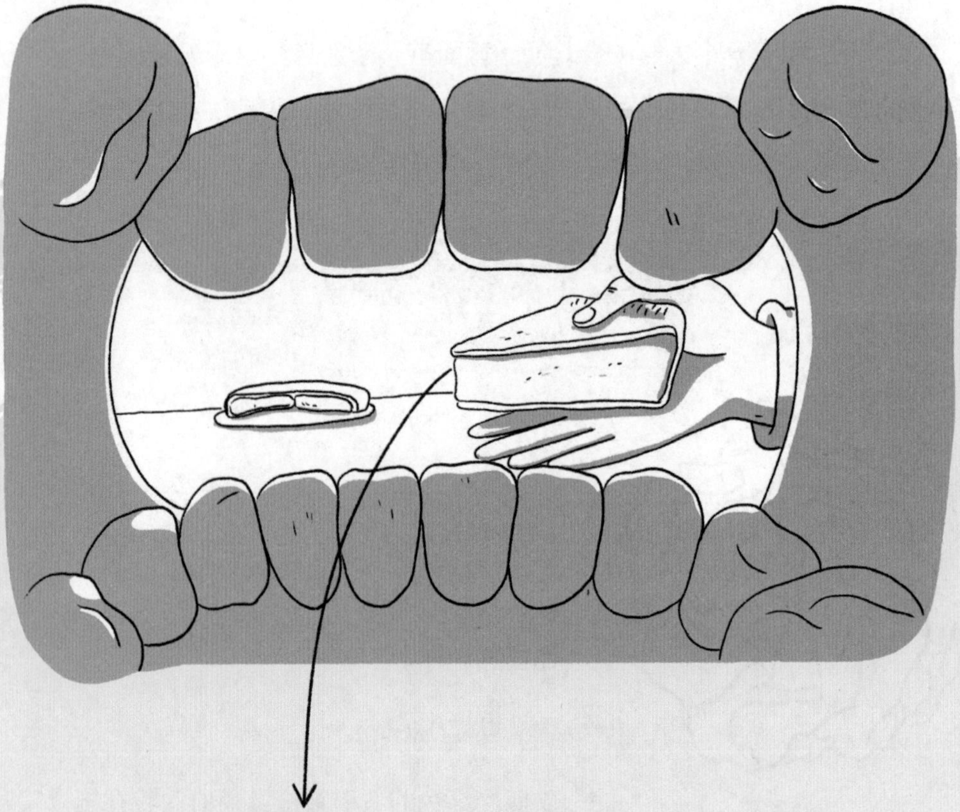

没有豆子 。今天不是你的幸运日。选择第 59 页上的另一块蛋糕，然后再碰碰运气吧。

拥有一瓶香槟酒是件好事，但打开它就有点棘手了。你能行吗？你紧紧抓住软木塞，试图把它从瓶子里拔出来。

在经历一场意想不到的香槟酒淋浴后，你把剩下的香槟酒倒入一个大桶里，然后尽可能地把它推到恐龙身边。

不幸的是，你浪费了一瓶好香槟酒。恐龙似乎对这种昂贵的酒根本不感兴趣。

丁零零——丁零零——丁零零——

“嘿，妈妈和爸爸！我现在很忙。”你在电话中应答着，尽量不让父母听出来你的慌张，以免他们担心你。

“我们只是想了解一下你今天过得怎么样。”你的父母解释说。

“嗯……这有点复杂，但很有趣！还有，下次有大型庆祝活动时，我想练习开香槟酒或其他气泡饮料。我现在得走了。”你说了三两句就想挂电话，“再见！”

“好的，再见？”你的父母困惑地回答。

科学小贴士

冒泡现象

要制作香槟酒，需要在葡萄汁中加入一些叫作酵母的生物。它们吃掉葡萄的糖分并产生酒精和一种叫作二氧化碳的气体。这种气体在液体中溶解，在瓶内压力下被抑制，直到有人拔出软木塞。

小测验

如果向一杯满满的香槟酒中撒一小撮盐，你认为会发生什么事？

（1）产生令人印象深刻的气泡：翻到这一页的顶部。

（2）什么也不发生：翻到对页。

是的，正确！
翻到第134页。

在你开车去CERN控制中心的路上，你有时间思考发生了什么。

让我们从头开始梳理：

维塔利教授编写了一个特殊的计算机代码，用于设计和控制机器人移动。

机器人在CERN被用于处理危险材料、在LHC隧道内进行检查和修理故障部件。维塔利教授想要生产更高级、多功能的机器人，它们可以既精妙又强壮，以非常精确的方式移动，并且能够像孩子一样学习新事物。

维塔利教授在展示他的工作成果之前便去世了，现在，一个黑客侵入了他的计算机系统，可能会破坏他的工作成果。

虽然基础级别的信息已经被黑客入侵，但高级别的信息仍然受到另一层安全措施的保护，你需要在黑客进一步入侵之前找到这个密码！

翻到第90页。

弗兰肯斯坦的怪物是如此可怕，你希望它能吓跑恐龙。

科学小贴士

你知道谁创造了弗兰肯斯坦的怪物吗？

1816年，一个名叫玛丽·雪莱的英国女孩和她的三个朋友在日内瓦附近度过了一个夏天。由于天气不好，他们被迫在室内待了几天。为了打发时间，他们决定每个人都要构思一个恐怖故事。玛丽构思的故事是最好的，后来她将这个故事写成了一本大获成功的科幻小说。在她的作品中，一位年轻科学家维克多·弗兰肯斯坦，想创造一个新物种。他赋予它生命，但当怪物苏醒时，他惊恐地逃跑了。要想知道结局如何，你可以读这本小说（如果你敢）。创造出这个故事，玛丽可能是受到她那个时代知名物理学家的启发——特别是路易吉·伽尔瓦尼（1737—1798），他试图用电击的方式复活死去的动物。

你可以在日内瓦市中心的普兰帕莱广场与我的雕像合影。

很抱歉让你失望了，你的帮手只是一个巨大的充气气球，它看起来像弗兰肯斯坦的怪物。由于它和恐龙一样高，你希望它能像稻草人一样工作——或者在这种情况下，是一个“吓恐龙”的怪物。

“弗兰肯斯坦的怪物气球”足以吓跑恐龙吗？

翻到第138页，祝你好运。

奇皮拍打着翅膀，飞向数据中心。奔向同一个方向的猫被一些老鼠分散了注意力。薛迪有点困惑地绕着数据中心嗅探。

它们看起来像老鼠，但奇怪的是，它们没有任何气味。

奇妙的CERN

数据中心

当质子在探测器内碰撞，会产生很多不同的粒子，这些粒子会在探测器中留下痕迹（如你在第 65 页看到的）。所有这些痕迹都会以相应的数据形式存储在 CERN 数据中心。在这些数据中可能隐藏着一种新的粒子或关于宇宙未解之谜的一些线索。

然而，处理探测器内部发生的事情并分析这些数据需要很大的计算能力。单台计算机无法承担如此大的工作量，所以 CERN 的研究人员开发了全球 LHC 计算网格。这是一个位于 CERN 数据中心内并连接全球各地的计算机的网络：如果你用自己的计算机发送请求，计算过程可能会由地球另一端的计算机完成，然后将结果返回并显示在你的屏幕上。

万维网（WWW 或 Web）

CERN 也是万维网的诞生地。第一个网页由蒂姆·伯纳斯 - 李爵士在这里创建，你仍然可以找到它：http：//info.cern.ch/hypertext/WWW/TheProject.html。这是一个非常简单的网页，没有任何颜色或图片。

有些人会混淆互联网与万维网。万维网是所有网页的集合，而互联网是连接计算机的全球网络，万维网在其上运行。你可以将互联网想象成连接不同城市的道路，万维网是你在路上看到的所有建筑。数据则像车辆一样从一个地点移动到另一个地点，或从一台计算机移动到另一台计算机。

小测验

什么是万维网？

（a）一个包裹整个世界的蜘蛛网

（b）连接许多计算机的网络

（c）互联网上可获得的所有信息

（答案在第 154 页）

你大老远就认出了筋疲力尽的奇皮。你可怜的朋友还在躲避猫的追赶。你跟着它们走进附近的一幢建筑物，外面有一个大牌子，上面写着：反物质工厂。听起来是个有趣的地方，不是吗？

“动物和访客不得入内！”有人大喊。

“太……太抱歉了。”你一边道歉一边跑向奇皮。

翻到第126页。

后记

所有的角色都在 CERN 餐厅相遇，分享了他们觉得令人难以置信的故事。他们交换了联系方式，并答应彼此会保持联系。

研究人员在一张稍微整洁的桌子上继续探索宇宙的奥秘。

黑臭先生透露，人们从未欣赏过他的创造天赋，反而总是对他不友好；对此他非常愤怒，想要报复。警方并不相信他说的话，他们将他送进监狱，并给了他一些好牙膏和牙刷。但他的口臭从未消失，直到有一天，黑臭先生失踪了。警卫认为他用牙刷在监狱的墙上挖了一个洞，平时用牙膏隐藏这个洞。

奇皮在动物驯养师莱奥妮那里接受了训练，它几乎学会了说话也能飞得更高。但它仍需要增强信心。

然后，游客继续在瑞士和法国旅行。

学生最快乐……

故事大概是这样继续的：

“大家在礼堂等你。”洛里斯兴奋地说。“真的吗？”你既惊讶又兴奋。“是的，我们跑过去吧！”他热情地说。

在礼堂，你被邀请上台，CERN的总干事正准备拿起话筒发表演讲。

“我们要赞扬你面对恐龙是那么勇敢！”总干事宣布，并颁发一张证书给你。

证书

授予

____

（写上你的名字）

因展现出宝贵的好奇心、坚定的决心和令人印象深刻的勇气。

你的奖励：

随时再来 CERN 参观的正式邀请；

可在 CERN 无限量下单国王饼；

一只 3 米高，9 米长的巨大“恐龙”。

每个人都鼓起掌来，礼堂因人们的兴奋而震动。

“哇！非常感谢你。”你说，同时与总干事握手。

“你可以学习给这只恐龙编程。”洛里斯建议，“例如，你可以编一段让它做后空翻的代码，或者像狗一样叫，甚至帮你做作业。尽情发挥你的想象力。”

“超级棒！”你欢呼着。

丁零零——丁零零——丁零零——

“嘿，妈妈和爸爸！你们打来得正好！你们不会相信刚刚发生了什么：我在CERN获得了嘉奖。”你激动地说。

“太棒了！”你的父母说。

“它附带了一个非常大的奖品，还可以用于学校项目。我可以带回家吗？”你急切地问。

“当然可以！我们为你感到骄傲。”你妈妈说。

“我会立即通知你的老师。”你的爸爸补充道。

“好，就这么办吧。”你得意扬扬地说。你有一种感觉，回家的旅程不会像你长途跋涉到CERN时那样无聊。

“它还可以咆哮！”你说。

“你的奖品在咆哮？”

答案和解析

第7页

答案：（a）。太阳和木星之间的平均距离是7.78亿千米！

第8页

答案：（a）最大的科学仪器；（b）最强大的粒子加速器；（d）人造的最高温度纪录（比太阳中心热100,000倍以上）；（e）首次证明存在一种叫作希格斯玻色子的粒子。

CERN 研究员的任务是……

第46页

答案：（c）。有一天，一些物理学家打赌，玩飞镖游戏的输家必须在科学出版物中插入“企鹅”这个词。这些出版物对研究人员很重要，但失败者要接受这个惩罚。他不知道如何在出版物的文本中使用“企鹅”这个词，但他设计了一个形状像企鹅的图并发表了它。企鹅的每一条直线和波浪线都代表一个粒子。这种用线条可视化粒子转换的迷人方式是在1950年左右由美国物理学家理查德·费曼发明的。

第47页

答案：（a）。过去，物理学家喜欢观察微观气泡留下的径迹。气泡室是装满液体的容器。当来自太空的粒子穿过这种液体时，它们会在粒子路径上形成可见的气泡径迹。气泡室周围的相机捕捉结果。一些类型的粒子直线行进，其他粒子则卷成顺时针或逆时针的螺旋。这是可视化看不见的粒子及其属性的好方法，但现代探测器的功能远远超越了这些气泡室。请继续关注，了解更多关于它们的信息。

第90页

A.G.女士是拿着带有“AG”字母的杯子的女士。

继续你的冒险，回到第 106 页。

第114页

答案：（a）一次粒子碰撞。

第109页

答案：B。铜线必须正确地连接到电池的正（+）极和负（-）极。你在铁钉上绕得铜线越多，你的电磁铁性能就会越强。

第61页

一个单词大约是1字节

一页文本大约是1千字节

一本书大约是1兆字节

一套百科全书大约是1吉字节

一段持续500小时的视频大约是1太字节

一段长达13.3年的高清视频大约是1拍字节

一段超过13,000年长的高清视频大约是1艾字节

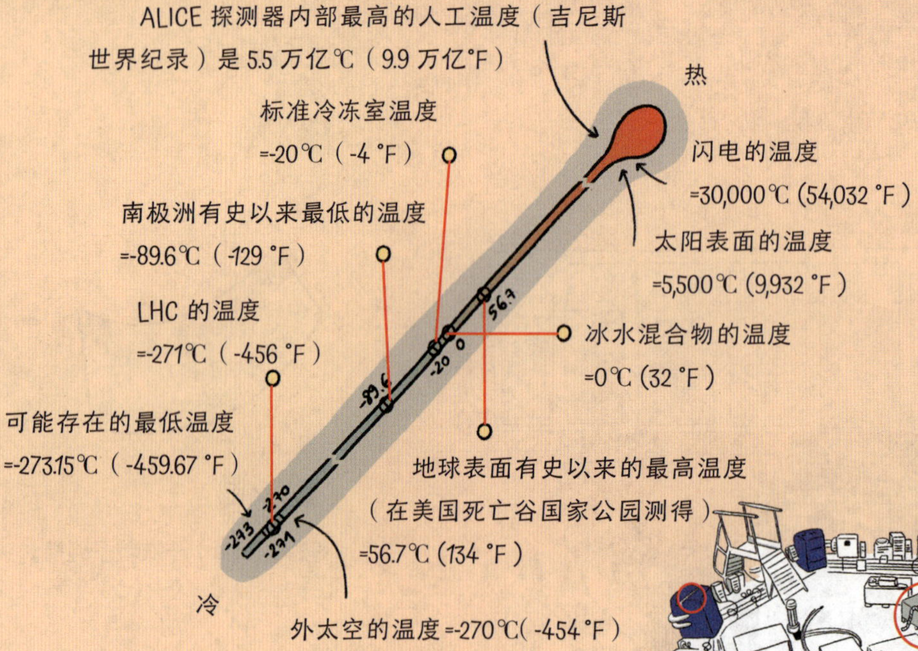

第75页

线条形成数字114。

第30页

答案：（a）。塑料、食物、金戒指不是磁性的。铝不被磁铁吸引，但它会与移动的强磁铁相互作用。

第15页

答案：（C）。自由夸克，胶子和电子是原始汤的成分。原始汤的温度太高，原子无法形成。大爆炸刚发生后不久，水还不存在，你可以忘掉蔬菜和肉汤了。

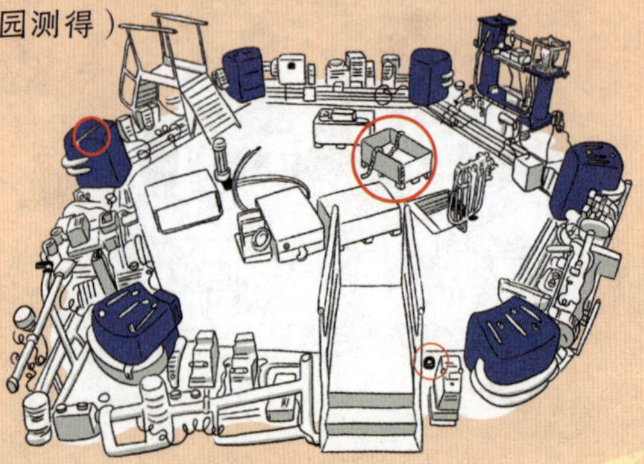

第17页

A	T	L	A	S	T	Q	R	G	N	O
T	C	T	O	E	O	U	U	O	P	A
G	E	C	N	P	A	U	R	A	E	T
P	W	G	E	S	H	T	P	R	R	E
P	A	A	O	L	C	Y	O	C	L	K
M	E	N	L	E	E	T	S	C	M	N
G	I	N	L	I	C	R	I	I	O	S
D	L	E	G	E	C	T	A	T	C	B
C	E	U	T	U	R	E	O	T	C	S
N	A	E	O	A	I	R	T	H	O	Y
O	D	T	P	N	P	N	L	N	E	R

第23页

剩下的17个字母形成句子：GO TO PAGE TWENTY-ONE（翻到第21页）。

第23页

规律是交换每个单词的第一个和最后一个字母。

Eakt eht dhirt rettel fo eht dorw shysicp.

⟶ Take the third letter of the word physics.（取Physics的第3个字母。）

单词“physics”的第3个字母是Y。

第21页

答案：（a）。

HEPY	HEYP	HPEY	HPYE	HYEP	HYPE
EHPY	EHYP	EYHP	EYPH	EPHY	EPYH
PHYE	PHEY	PEHY	PEYH	PYHE	PYEH
YHPE	YHEP	YPHE	YPEH	YEHP	YEPH

第85页

它是字母P。

第124页

答案：（b）。最终，维塔利教授的密码是：CHEEEEEEEEEEEPY：-P。

游客的旅途……

第97页

73	9	18	60	19	90	9	45	63
18	33	19	54	37	63	75	26	47
22	53	37	27	15	36	61	89	55
12	55	86	36	28	18	54	63	90
93	89	45	43	37	72	11	78	9
58	72	29	82	53	9	66	58	63
27	66	77	98	74	81	59	44	54
36	90	81	9	43	27	45	9	18

答案：26。

第96—97页

答案：（c）。绿色和红色线条是质子在CMS探测器内碰撞的原始路径。

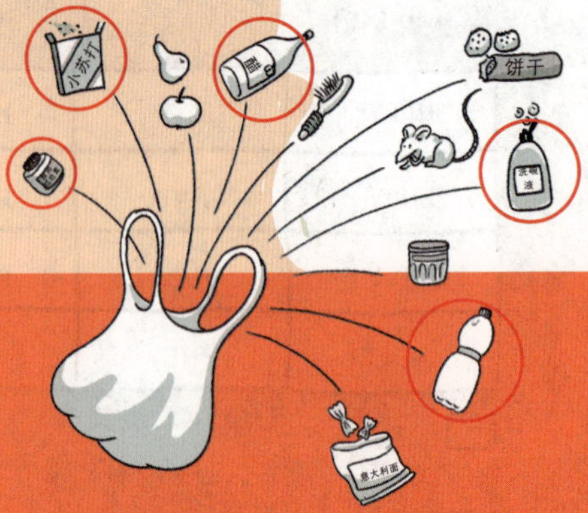

第66页

答案：B。

第67页

答案：（a）希格斯玻色子。

第76页

正确材料是：醋、小苏打（碳酸氢钠）、洗碗液、食用红色素和一只空瓶子。

第32页

第147页

答案：（c）。

（b）是互联网，

选项（a）只是一个玩笑。

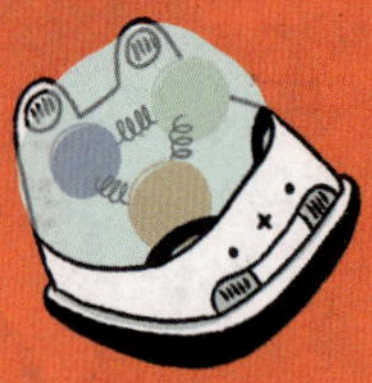

学生的任务……

はい，チーズ.
Sano muikku.
Spaghetti.
Ptičica.
김치.
Formaggio, cheese.
茄子。
Ouistiti.
Paneer.
Appelsiini.
Patatas.
سيب
Cheese.

第57页

中国：茄子。

芬兰：Sano muikku（白鲑鱼）。

法国：Ouistiti（意思是绢毛猴，一种猴子）。

德国：Spaghetti（意大利面）。

印度：Paneer（一种印度奶酪）。

伊朗：سيب（意为苹果）。

意大利：Formaggio（近似奶酪的意思），cheese（奶酪）。

日本：はい，チ-ズ（奶酪）。

挪威：Appelsiini (橙子)。

塞尔维亚：Ptičica (小鸟)。

韩国：김치 (泡菜，一种由发酵蔬菜制成的传统菜肴)。

西班牙：Patatas (土豆)。

英国：Cheese（芝士）。

第102页

答案如图

第59页

答案：f。

第37页

12 + 18 − 6 + 15 = 39

翻到第39页继续你的旅程。

第38页

主要的区别在于电荷。物质和反物质具有相反的电荷。质子是正的，而反质子是负的。电子是负的，而反电子（称为正电子）是正的。3个反夸克也与3个夸克不同。研究人员正在寻找物质和反物质之间更微妙的区别。

第43页

字母表中的每个字母都与一个数字相对应。

L: 5 + 2 = 7

H: 48 ÷ 8 = 6

C: 56 - 47 = 9

b: 3 x 3 = 9

密码的最后两位数字对应“C”和“b”，将提示你到第 99 页。

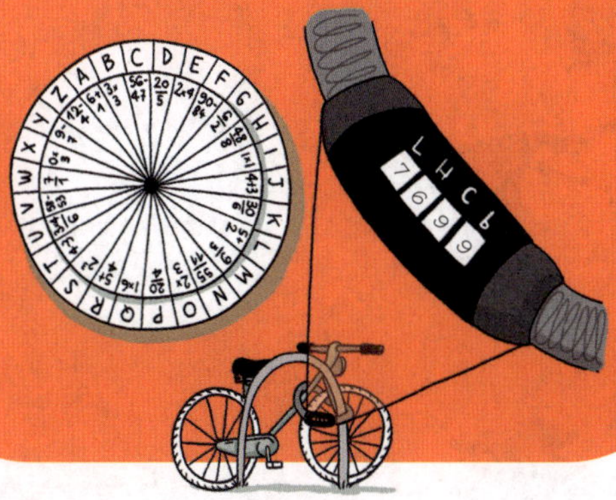

第88页

蜥蜴—恐龙；手臂—腕龙；

国王—霸王龙；可怕的—恐龙；

双—梁龙；迅捷的—伶盗龙；

羽毛或翅膀—古老翼手龙；

强盗—伶盗龙；角状物—三角龙；

三—三角龙；暴君—霸王龙；

梁—梁龙。

第87页

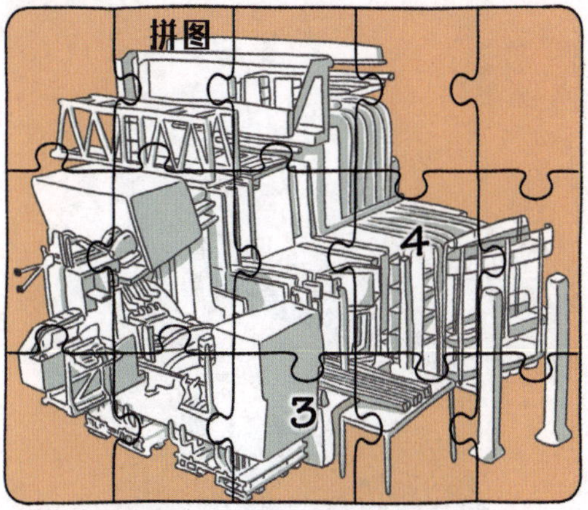

翻到第34页。

第34页

答案：（a）。应用$E=mc^2$，你会发现400万吨物质被转化为大量的能量。太阳每秒释放的能量相当于整个世界一年使用能量的一百万倍。

第83页

入侵者是一只霸王龙、一只腕龙和一只鸟。

第40页

答案：（c）。你不需要走太远就能遇到一些反物质粒子。香蕉大概每75分钟释放1个反电子。

奖励材料

如何制作一个巧克力加速器

探案之旅仍在桌子上继续：祝你有一个好胃口！

奇妙的CERN

LHC 粒子加速器由 1,200 多个超导磁铁组成，它们能弯曲粒子的运动方向。大多数磁铁被涂成蓝色，看起来像巨大的蓝色管子。如果你能看到这些管子里面，你会看到一个工程奇迹，里面包括两根供质子飞行的束流管，以及其他组件，以保持磁铁的温度非常低，并且处于真空中。

- 100克软黄油
- 50克可可粉
- 300克干饼干
- 蓝色糖霜
- 脆蛋卷
- 糖粒或彩色细面
- 50吨瑞士巧克力……开玩笑的，50克就够了。

让我们用两根脆蛋卷当作束流管，其余的部分用美味的巧克力馅料代替。你需要做的是：

1. 将软黄油、可可粉、融化的巧克力和压成小碎屑的饼干混合在一起。你可以先用勺子，然后再用手搅拌。

2. 把它做成像香肠一样长而细的形状，并将脆蛋卷（通常用作冰激凌装饰，类似于俄罗斯的一种甜品；或者，一些饼干棒也可以）放在中间，然后将其放入冰箱30分钟。

3. 擀出蓝色的糖霜，用它包裹“香肠”。

4. 最后，用一些糖粒或彩色细面条填充脆蛋卷，这些代表在管道内以接近光速飞行的质子。

5. 如果你能抵挡住诱惑，将这个甜蜜的加速器存放在冰箱里30分钟后再享用会更好。当你切开它时，甜蜜的“粒子”会从管子里弹出。

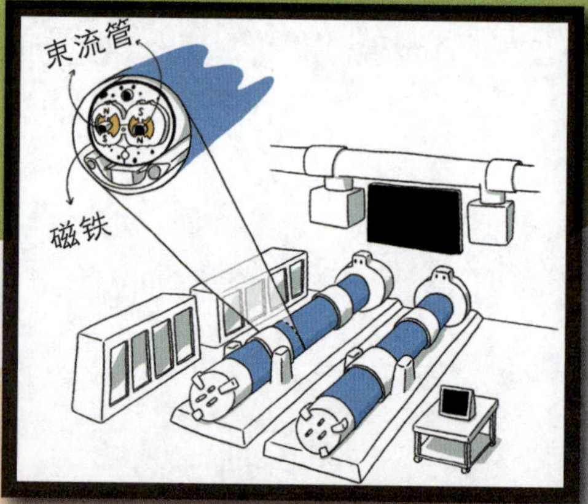

提示：用小积木建造你自己的LHC隧道。

奖励材料

菜单上的恐龙

在恐龙吃掉你之前吃掉它

科学小贴士

银杏叶，一种“活化石”

这不是食谱的材料，但这种植物，也就是银杏树，是世界上最古老的树种之一，它的历史可以追溯到侏罗纪时期。它的种子在秋天落到地上，散发出类似变质黄油的气味。

- 500克土豆
- 100克橄榄
- 一些中等大小的切达奶酪块
- 番茄或其他蔬菜作为装饰
- 一个恐龙蛋（如果你没有，那么5个鸡蛋也可以）

1. 土豆去皮后煮熟。

2. 把橄榄放入电动搅拌机中搅碎，留一两个橄榄作为装饰。

3. 将土豆切成小块，与鸡蛋、搅拌过的橄榄和奶酪块混合。然后在一个大平底锅上煎至两面熟透。这是恐龙的脸。

4. 现在切出一个三角形作为嘴巴，并用奶酪做它的牙齿。使用剩余的奶酪和橄榄做出眼睛和鼻孔：赋予它一个可怕的表情。

提示：加一片红辣椒做恐龙的舌头，这样它看起来会更愤怒、更饥饿。

粒子物理大事年表

公元前 5 世纪

古希腊哲学家留基伯和德谟克里特推测物质是由不可分的粒子构成的。

***1897* 年**

第一种被人识别出的粒子——电子，由英国物理学家约瑟夫·汤姆孙发现。

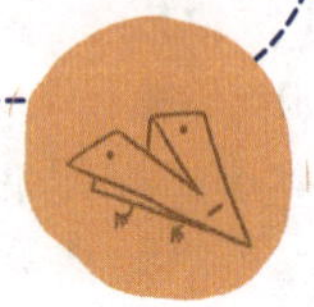

***1905* 年**

阿尔伯特·爱因斯坦提出光量子假说，他认为光是由不连续的能量粒子构成的。

***1923* 年**

美国物理学家阿瑟·康普顿证实光量子（光子）的粒子性。

***1928* 年**

英国物理学家保罗·狄拉克预言电子应有一个带正电荷的“替身”：正电子。

***1930* 年**

奥地利裔物理学家沃尔夫冈·泡利提出一种新粒子——中微子。

1932 年

正电子由科学家发现。

英国物理学家詹姆斯·查德威克发现中子。

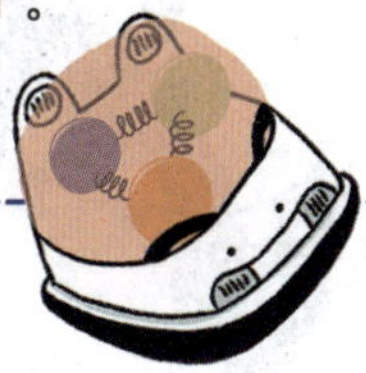

1935 年

日本物理学家汤川秀树提出介子理论，介子在质子和中子之间传递强力。

1936 年

一种新粒子由科学家发现，它就是缪子。

1964 年

美国物理学家默里·盖尔曼和乔治·茨威格各自独立提出同一种粒子。盖尔曼将其命名为“夸克”。

英国物理学家彼得·希格斯第一个明确预言了玻色子。

1995 年

第六种也是最后一种夸克由科学家探测到，它是顶夸克。

2012 年

希格斯玻色子在CERN中被宣布发现。

薛迪眼中的粒子物理

一些粒子物理学词语解释和与薛迪相关的词语

需要我帮助你理解奇怪的词汇吗？问我吧！

加速器

一台加速粒子的机器，然后……使它们相互撞击！为什么？人类是一个非常奇怪的物种，他们想要：（1）发现新的粒子；（2）理解宇宙是如何运转的；（3）重现大爆炸后的条件。CERN最大的加速器是LHC。

反物质和反粒子

“反”代表相反的意思。反粒子是带有相反电荷的粒子。质子是带正电荷的，反质子则是带负电荷的。电子是带负电荷的，因此反电子（也称为正电子）是带正电荷的。明白了吗？微量的反物质存在于我们身边的各个地方，但它们不持久：只要一个反粒子遇到一个对应的粒子，两者就会相互湮灭，留下一团能量。一克反物质与物质接触可能会引起恐怖的爆炸，它就像一颗炸弹。这就是为什么科幻电影喜欢这东西！然而，这些电影是虚构的。按照CERN目前的速度，需要数百万年才能生产出足够的反物质。

原子

物质由原子构成。地球上几乎所有的东西都是由原子构成的。水？是的，它由氢原子和氧原子组成。空气？是的，它也是由原子构成的，主要是氮和氧。世界上最重要的东西：猫粮？是的，它也是由原子构成的。

大爆炸

大爆炸理论解释了宇宙是如何开始的：大约138亿年前，宇宙和一个小点一样小，然后它扩展到当前的大小，而且它仍在增长。地球只有大约45亿年的历史。无论如何，宇宙曾经是一个非常无聊的地方，直到大约1000万——1100万年前家猫和其他猫科动物的祖先出现。

电荷

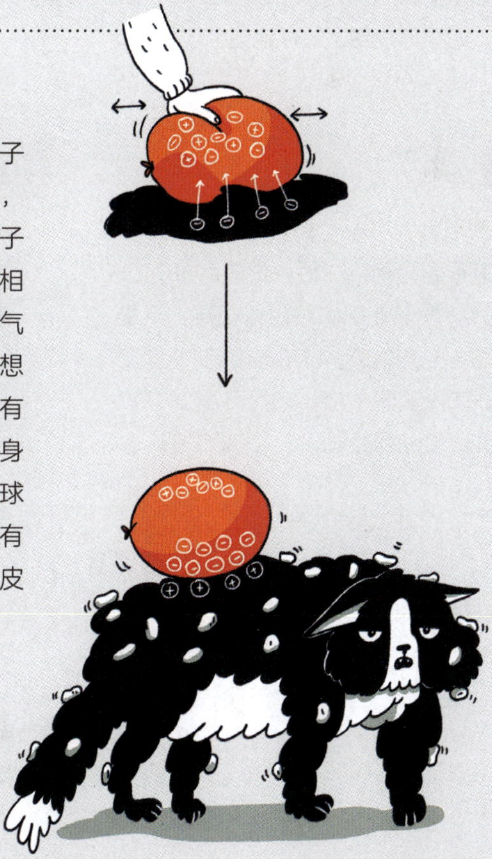

电荷（如正电荷和负电荷）是某些粒子的一种属性。例如，电子带有负电荷，质子带有正电荷。带有相同电荷的粒子相互排斥，而带有相反电荷的粒子则相互吸引。远离想要在你的毛皮上摩擦气球或泡沫塑料的人！或许你认为他们想要拥抱你。相反，他们会愚弄你：当有人用充气的气球摩擦你的毛皮时，你身体上的一些电子会移动到气球上。气球就会带有负电荷，而你的毛皮就会带有正电荷。现在，当气球靠近你时，毛皮就被气球吸起来了。

电流

电荷的定向流动。

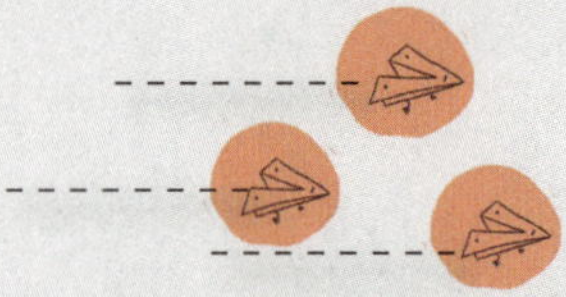

暗能量

这仍然是一个巨大的谜团。暗能量被认为占据了宇宙的很大一部分：大约68%！它使宇宙膨胀，但没有人知道它是什么。如果你发现了，你将获得诺贝尔奖！当然，当你做到时，请告诉大家你是在薛迪的术语表中学习粒子物理学的。这会让我非常高兴和自豪！

暗物质

暗物质被认为大约占据了宇宙的27%。但它在哪里？还没有人发现它。如果你找到了，你就成名了！

探测器

人类喜欢照片，有时他们会因此而疯狂。探测器就像超级相机，每秒拍摄4000万张粒子照片。质子在探测器内部相撞，产生的粒子留下一些轨迹。LHC连接到4个探测器：ALICE探测器、ATLAS探测器、CMS探测器和LHCb探测器。

恐龙

过去的危险的动物。恐龙生活在2亿2,500万年前—6,500万年前，大多数已灭绝，但仍然有些进化为鸟类，生存到现在。

狗

眼下极其危险的动物。应对措施：（1）逃跑；（2）当人类拥抱它们时表现出失望；（3）保护你的食物，因为狗非常坏，它们可能会抢你的食物。

剂量计

用于测量辐射（如X射线和伽马射线）的仪器。

电子

电子是带有负电荷的粒子，可以在原子核周围的“云层”中找到。它们是电力、磁性和闪电形成的原因。

电磁铁

人类是一个令人讨厌的物种。他们发明了各种仪器——吸尘器、洗衣机、烘干机、食品搅拌机、洗碗机、吹风机等来打扰猫的睡眠。嗯，所有这些仪器都包含电磁铁——在通电时才工作的磁铁。

胶子

胶子将夸克“粘”在一起。胶子经常被描绘成小螺丝圈。

希格斯玻色子和希格斯场

猫猎取美味的猎物，如鸟类和老鼠，但人类是一个奇怪的物种……他们喜欢猎取像希格斯玻色子这样的“野牛”。人类花了大约半个世纪才找到这些粒子。但有什么大惊小怪的呢？希格斯玻色子解释了所有粒子是如何获得质量的。希格斯玻色子与希格斯场（不要想到农田或放羊的草地）相关联。别问我为什么，但人类也用“场”这个字来表示一个充满宇宙所有空间的隐形能量场。这听起来很可怕，但实际上并不可怕。最重要的是，没有希格斯场，所有粒子都会在空间中疾驰，将没有原子或分子，猫也不会存在！

氢

氢是宇宙中最丰富的元素，也是最简单的原子，大多数的氢原子只有一个质子和一个电子。氢存在于恒星中，比如太阳。在地球上，氢主要以与氧结合形成水的方式被人们发现。

时差和时区

当你所在的国家是白天时，在地球另一面的地方是夜晚。例如，当瑞士的猫准备睡觉时，澳大利亚的袋鼠正在吃早餐，南美的羊驼正在享用下午茶。世界被划分为24个不同的时区，每个时区代表一个小时。如果你从欧洲飞往澳大利亚，你会迅速穿越时区，但身体无法快速地适应。因此，当你到达目的地后，你可能会在白天感到疲倦，很难在正确的时间入睡，你的生物钟被打乱。

侏罗纪

指2亿年前—1.45亿年前的时间段，以恐龙的繁盛和原始鸟类的出现为特征。侏罗纪时代的名字来源于法国和瑞士边界的侏罗山，人们在那里首次发现了该时期的石灰岩地层。

LHC

CERN最大的加速器，LHC是一个工程奇迹，一个“冷冻机”和质子赛车道的结合体！

- “大型”是因为它长27千米：迄今为止人类建造的最大的粒子加速器。
- “强子”是因为它加速质子，质子属于强子。
- “对撞机”是因为质子在4个碰撞点——ALICE、ATLAS、CMS和LHCb处相撞。

磁铁和磁场

一些人用磁铁将便条吸附在冰箱上，并且有些人很好心地在那些便条上写上“买猫粮”。所以你看，磁铁可能是有用的。它们总是有一个北极和一个南极，并且它们可以吸引或排斥某些材料制成的物体。磁铁周围的区域，其他物体感觉到被磁铁推开或被磁铁拉向的力，就说明它们处于磁场中。地球就像一个非常大但很弱的磁铁：地球的无形磁场可以用磁性罗盘检测到。磁铁也对带电粒子施加无形的力。例如，LHC内部的磁铁可以在不接触质子的情况下让它们的运动路径转向。

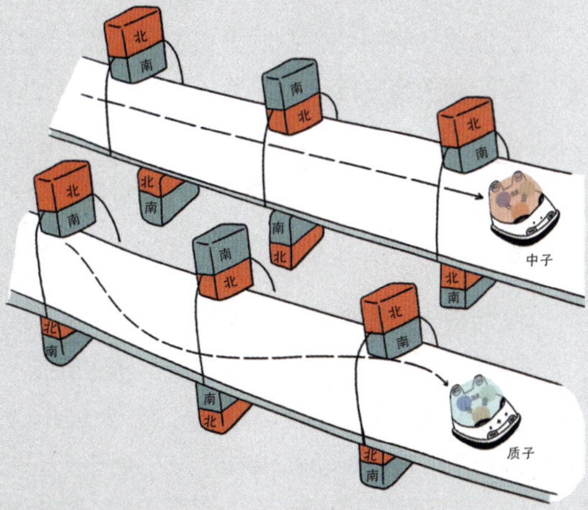

分子

原子可以结合在一起形成分子。

缪子

电子的“大表哥”。它也是带负电荷的。

中子

中子是中性的。质子和中子都位于原子核中。

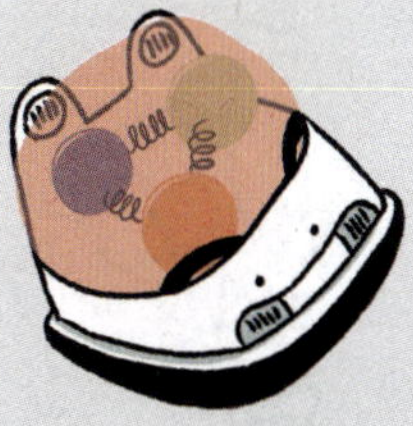

诺贝尔奖

1896年，炸药的发明者阿尔弗雷德·诺贝尔临终前，将他的财富用作以他名字命名的奖项基金。至今这些享有盛誉的奖项仍然存在，并且授予那些在研究领域有杰出成就并对社会有重大贡献的人。

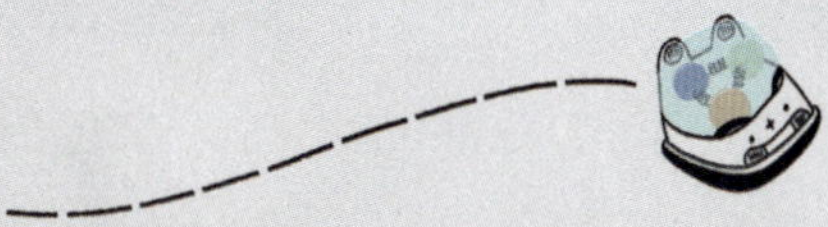

原子核

它是原子的中心，由质子和中子构成。就氢原子而言，它的原子核只有一个质子。

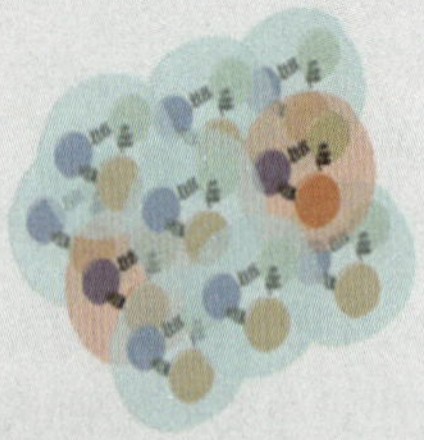

粒子

粒子是一个非常小的东西。如果你想在学校里耍帅，就得区分基本粒子和非基本粒子。基本粒子不能再被分解到更小程度。根据定义，粒子有质量但没有体积。它们基本上是一个个点，但在这本书中，它们被赋予了一些形状，否则你就不会在页面上看到它们。而我的前辈和我在忙着发现新的线索时，人类已经发现了很多粒子。在这本书中，你只遇到了其中的一些：胶子、夸克、电子、缪子、光子和希格斯玻色子。质子和中子也被称为粒子，但它们不是基本粒子，因为它们包含夸克。

（补充：基本粒子的概念已经随着科研发展有一定变化，学界现多用“粒子”。）

粒子物理学

研究粒子的科学。

光电效应

光电效应让人类可以通过太阳能电池板将光转化为电。

光子——光的粒子

向这个粒子致敬。猎豹是陆地上跑得最快的动物，但光子的速度是无与伦比的：它们在真空中以光速运动，但在其他任何气体、液体或固体中以略慢于光速的速度飞驰。光子是宇宙中最丰富的粒子，它们是无质量的，这意味着它们不与希格斯场相互作用。

质子

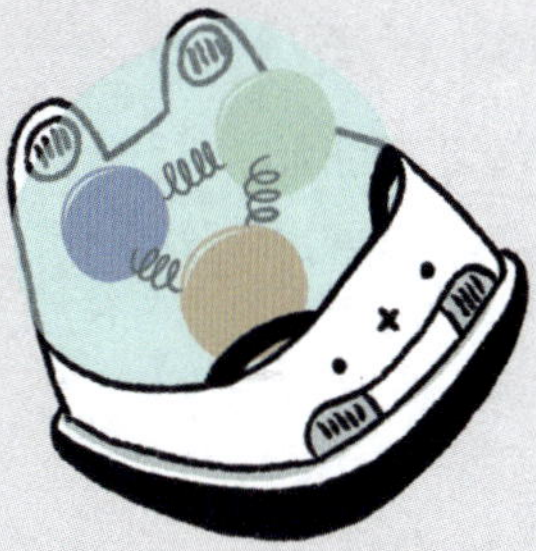

它是一种带正电荷的粒子，与中子一起位于所有原子的原子核中。它们由夸克组成。人类建造了一台巨大的机器——LHC，将质子加速到近 300,000 千米每秒的惊人速度。

夸克

你可以在质子和中子内找到夸克。有趣的是，夸克有6种类型，人类给它们起了非常有趣的名字：上、下、顶、底（或美）、粲和奇异。科学家还根据“颜色”的属性将其分为3种变体。颜色有红色、绿色或蓝色，但夸克并不是真的像五彩纸屑一样有颜色。被称为胶子的粒子将夸克“黏合”在一起。

量子物理学

专门研究粒子的奇怪行为和相关现象。它本身还不错，直到一个名叫薛定谔的物理学家提出了关于“既死又活的猫”的愚蠢想法。幸运的是，这只是一个思想实验。（见第69页。）

光速

光的传播速度非常快。光在真空中的速度约为30万千米每秒。LHC中的质子以非常接近光速的速度飞驰。

粒子物理学的标准模型

猫咪们有一份关于宇宙中所有美味佳肴的标准清单，但人类已经制定了一系列定律，描述宇宙中所有已知的粒子和力：粒子物理学的标准模型。这个模型是有效的，但它并没有解释暗物质和其他未解之谜。

轨迹

你可以通过观察动物在雪地、泥地和沙滩上留下的痕迹来识别它们。粒子非常非常小，是看不见的，但当它们进入探测器时，它们也会留下一些轨迹。这些轨迹提供了关于粒子的速度、能量、方向和电荷的信息。

万维网（WWW）

每部智能手机都可以访问万维网（WWW）。万维网允许你查找信息，与朋友分享照片并在线购物。它也是寻找可爱猫咪照片和视频的最佳工具。

最后注释

- 虽然我们在侏罗山脉发现了许多恐龙足迹，但那里的地层不适合化石的形成。
- 我在描绘肉食性恐龙时，有些自由发挥了。
- 这本书中的角色是虚构的，任何与真实人物、猫或鹦鹉的相似都纯属巧合。
- 几年前，有人在CERN数据中心前面搭建了一个“计算机鼠标庇护所“，这是愚人节的一个恶作剧。搭建它的目的是提高人们对计算机信息安全的意识，它提醒人们不要点击可能隐藏计算机病毒的不可信的链接和网址。

番外

如果你来到 CERN……

精彩的故事已经落下帷幕，但 CERN 中有太多奇妙的事值得我们去揭秘，现在，让我们跟着特约向导——在 CERN 中工作的中国物理学家石辽珊博士，去发现 CERN 的更多故事吧！

石辽珊博士

在 CERN 工作是一种什么体验？

1 骑自行车

CERN 不同的实验室一般相距几千米，自行车就是我们最日常的交通工具了。负责维修仪器的技术人员还可以在 LHC 地下隧道中骑车穿行呢。

CERN 的“共享单车”

2 坐公交车

CERN 有专属公交车，它们不仅连接着不同的园区，还肩负着运送值班人员的任务。不过，它们不是双层巴士，是酷酷的银色小巴士。

它们也叫“穿梭巴士”

3 门禁卡有多重要？

你在书中画出自己的门禁卡了吗？门禁卡除了能让我们进入园区，还有检测持卡人权限的作用。这里很多地方都要刷卡进入，没有门禁卡会“寸步难行”。

4 睁大眼睛

为了保证实验安全，每个人进入实验区要经过两次验证。

第一次：我们需要通过相关安全考试，报备实验需求，经过审批才能刷卡进门。

第二次：刷卡进门后，我们就要在检测区扫描虹膜。注意，检测区每次只能有一个人，否则就会验证失败。所以，书中的黑臭先生能成功进入实验室吗？请你思考。

这个黑色小盒子，就是虹膜扫描仪

CERN 的美好日常

吃在餐厅 5

CERN 餐厅之一

实际上，CERN 的餐厅里吃不到奶酪火锅，但它是瑞士的传统美食，在当地很多餐厅都能吃到哟。

6 园区里的冷幽默

这里有不少幽默的人，是吧……

书中有一只木雕猫咪，你发现了吗？

CERN 中有一个让很多人觉得莫名其妙的“装置艺术”——计算机鼠标庇护所。设立它的目的是提醒大家，不要随便点击网络上的未知链接，谨防遭遇黑客攻击。

欢迎大家走进粒子物理的世界

照片两边的“大圆桶”就是科学之门。远处，你看到侏罗山脉了吗？

小小的同步回旋加速器

7

2023 年 10 月，CERN 新建成的“科学之门”免费对外开放。这里还有一些可以现场报名的导览活动，大家可以跟着导游进入 CERN，走进粒子物理的世界。

有用的网址

你想参观 CERN 这个世界上最大的粒子物理实验室吗？

你可以查看 CERN 科学项目的网站：https://sciencegateway.cern。该网站上还有 CERN 博物馆观众预约入口等信息。

你想一睹位于迪诺普拉涅的世界上最长的蜥脚类恐龙的足迹吗？可以在 https://www.dinoplagne.fr 上找到更多信息。

剪下图案花样

你可以剪下这些图案来玩游戏或完成这本书中的探案任务。

例如：

第67页

（粒子数独）

第113页

（CERN门禁卡）

第80页和附赠的闯关游戏

桂图登字: 20-2024-144

图书在版编目（CIP）数据

粒子物理大探案 /（意）莱蒂齐亚·迪亚曼特著 ;（意）克劳迪娅·弗兰多利绘 ; 周思益译. -- 南宁 : 接力出版社, 2025. 1. -- ISBN 978-7-5448-8853-0

Ⅰ. O572.2-49

中国国家版本馆 CIP 数据核字第 2024HH0198 号

粒子物理大探案
LIZI WULI DA TAN'AN

责任编辑：申立超　文字编辑：郭玉平　美术编辑：许继云　版权联络：闫安琪
责任校对：刘哲斐　责任监印：刘冬
出版人：白冰　雷鸣
出版发行：接力出版社　社址：广西南宁市园湖南路9号　邮编：530022
电话：010-65546561（发行部）　传真：010-65545210（发行部）
网址：http://www.jielibj.com　电子邮箱：jieli@jielibook.com
经销：新华书店　印制：河北尚唐印刷包装有限公司
开本：787毫米×1092毫米　1/16　印张：11.5　字数：145千字
版次：2025年1月第1版　印次：2025年1月第1次印刷
定价：68.00元

本书地图系原书插附地图　审图号：GS（2024）4028号

质量服务承诺：如发现缺页、错页、倒装等印装质量问题，可直接联系本社调换。
服务电话：010-65545440